もくじ 数と計算6年

ページ

JN099438

分数のかけ算・わり算のまとめ

分数のかけ算・わり算

$$\frac{b}{a} \times \frac{d}{c} = \frac{b \times d}{a \times c}$$

$$\frac{b}{a} \div \frac{d}{c} = \frac{b}{a} \times \frac{c}{d} = \frac{b \times c}{a \times d}$$

● 分数のかけ算

$$\frac{4}{9} \times \frac{2}{7} = \frac{4 \times 2}{9 \times 7} = \frac{8}{63}$$

$$\frac{3}{8} \times \frac{4}{9} = \frac{\overset{1}{3} \times \overset{1}{4}}{\underset{2}{8} \times \underset{3}{9}} = \frac{1}{6}$$

忘れずに約分する。

● 分数のわり算

$$\frac{2}{5} \div \frac{4}{9} = \frac{2}{5} \times \frac{9}{4} = \frac{2 \times \overset{1}{9}}{5 \times \underset{2}{4}} = \frac{9}{10}$$

わる数を逆数にして、かけ算で計算する。

3つの分数のかけ算とわり算

$$\frac{3}{7} \times \frac{1}{2} \times \frac{3}{5} = \frac{3 \times 1 \times 3}{7 \times 2 \times 5} = \frac{9}{70}$$

3つの分数のときも同じように計算できる。

$$\frac{7}{2} \div \frac{7}{9} \div \frac{3}{4} = \frac{7}{2} \times \frac{9}{7} \times \frac{4}{3} = \frac{\overset{1}{7} \times \overset{3}{9} \times \overset{2}{4}}{\underset{1}{2} \times \underset{1}{7} \times \underset{1}{3}} = 6$$

小数・整数・分数のまじったかけ算・わり算

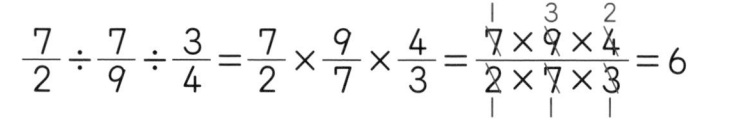

$$0.3 \div \frac{4}{7} = \frac{3}{10} \div \frac{4}{7} = \frac{3}{10} \times \frac{7}{4} = \frac{3 \times 7}{10 \times 4} = \frac{21}{40}$$

小数を分数になおせば計算できる。

$$0.7 \times 5 \div \frac{7}{3} = \frac{7}{10} \times \frac{5}{1} \div \frac{7}{3} = \frac{7}{10} \times \frac{5}{1} \times \frac{3}{7} = \frac{\overset{1}{7} \times 5 \times 3}{\underset{2}{10} \times 1 \times \underset{1}{7}} = \frac{3}{2}\left(1\frac{1}{2}\right)$$

月　　　日

1　文字と式
文字を使った式

／100点

1 次の式で、x の値が 6 のとき、対応する y の値を求めましょう。

1つ5〔40点〕

❶　$4+x=y$
（　　　　　）

ポイント
★ x に数をあてはめることで、
y の値が求められます。

❷　$9.5-x=y$
（　　　　　）

❸　$6.5×x=y$
（　　　　　）

❹　$27.6÷x=y$
（　　　　　）

❺　$7×x-9=y$
（　　　　　）

❻　$84÷x+7=y$
（　　　　　）

❼　$(1.5+x)×2=y$
（　　　　　）

❽　$(19-x)÷2=y$
（　　　　　）

2 次の式で、y の値が 14 のとき、対応する x の値を求めましょう。

1つ10〔60点〕

❶　$10+x=y$
（　　　　　）

❷　$18.5-x=y$
（　　　　　）

❸　$3.5×x=y$
（　　　　　）

❹　$70÷x=y$
（　　　　　）

❺　$6×x-4=y$
（　　　　　）

❻　$54÷x+8=y$
（　　　　　）

1 文字と式
文字を使った式

1 次の式で、x の値が 9 のとき、対応する y の値を求めましょう。

1つ6〔60点〕

❶ $5+x=y$ 　　　（　　　）

❷ $13-x=y$ 　　　（　　　）

❸ $x+3.3=y$ 　　　（　　　）

❹ $x-2.5=y$ 　　　（　　　）

❺ $8×x=y$ 　　　（　　　）

❻ $36÷x=y$ 　　　（　　　）

❼ $x×0.7=y$ 　　　（　　　）

❽ $x÷0.45=y$ 　　　（　　　）

❾ $2.5×x-4.5=y$ 　　　（　　　）

❿ $1.35÷x-0.1=y$ 　　　（　　　）

2 次の式で、y の値が 18 のとき、対応する x の値を求めましょう。

1つ5〔40点〕

❶ $x+6=y$ 　　　（　　　）

❷ $x-4=y$ 　　　（　　　）

❸ $0.3×x=y$ 　　　（　　　）

❹ $5.4÷x=y$ 　　　（　　　）

❺ $x×0.2=y$ 　　　（　　　）

❻ $x÷0.4=y$ 　　　（　　　）

❼ $24-3×x=y$ 　　　（　　　）

❽ $9+1.8÷x=y$ 　　　（　　　）

答えは
65ページ

2 分数のかけ算
分数のかけ算 ①

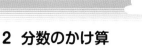

／100点

1 計算をしましょう。

1つ10〔60点〕

① $\dfrac{1}{5} \times 3$

ヒント

★ 分数に整数をかける計算は、分母はそのままにして、分子にその整数をかけます。

分子にかける

① $\dfrac{1}{5} \times \boxed{3} = \dfrac{1 \times \boxed{3}}{5}$

分母はそのまま

⑤ $1\dfrac{2}{7} \times 4 = \dfrac{9}{7} \times 4$

仮分数になおす

② $\dfrac{1}{7} \times 6$

③ $\dfrac{4}{9} \times 2$

④ $\dfrac{3}{10} \times 3$

⑤ $1\dfrac{2}{7} \times 4$

⑥ $1\dfrac{3}{8} \times 7$

2 計算をしましょう。

1つ10〔40点〕

① $\dfrac{5}{12} \times 3$

ポイント

★ 計算のと中で約分できるときは、約分してから計算すると簡単になります。

① $\dfrac{5}{12} \times 3 = \dfrac{5 \times \overset{1}{3}}{\underset{4}{12}}$

③ $1\dfrac{3}{10} \times 5 = \dfrac{13 \times \overset{1}{5}}{\underset{2}{10}}$

② $\dfrac{3}{8} \times 6$

③ $1\dfrac{3}{10} \times 5$

④ $1\dfrac{9}{14} \times 4$

答えは
65ページ

2 分数のかけ算
分数のかけ算 ①

／100点

1 計算をしましょう。　　　　　　　　　　　　　　　　1つ5〔30点〕

① $\dfrac{1}{5} \times 4$

② $\dfrac{4}{9} \times 2$

③ $\dfrac{3}{8} \times 5$

④ $\dfrac{7}{10} \times 3$

⑤ $1\dfrac{8}{7} \times 6$

⑥ $2\dfrac{1}{4} \times 9$

2 計算をしましょう。　　　　　　　　　　　　　　　　1つ7〔70点〕

① $\dfrac{1}{6} \times 3$

② $\dfrac{5}{8} \times 4$

③ $\dfrac{5}{12} \times 9$

④ $\dfrac{8}{15} \times 10$

⑤ $1\dfrac{7}{18} \times 6$

⑥ $2\dfrac{4}{21} \times 14$

⑦ $3\dfrac{5}{6} \times 9$

⑧ $1\dfrac{4}{5} \times 15$

⑨ $1\dfrac{1}{16} \times 12$

⑩ $1\dfrac{17}{24} \times 9$

答えは
65ページ

きほん 3

2　分数のかけ算
分数のかけ算　②

／100点

 計算をしましょう。

1つ4〔16点〕

❶ $\dfrac{1}{2} \times \dfrac{1}{3}$

> **ポイント**
> ★ 分数×分数は、分母どうし、分子どうしをかけて計算します。
> $\dfrac{b}{a} \times \dfrac{d}{c} = \dfrac{b \times d}{a \times c}$

❷ $\dfrac{5}{6} \times \dfrac{1}{4}$

❸ $\dfrac{4}{3} \times \dfrac{2}{7}$

❹ $9 \times \dfrac{2}{19}$

2 計算をしましょう。

1つ7〔56点〕

❶ $\dfrac{1}{2} \times \dfrac{3}{4}$

❷ $\dfrac{3}{8} \times \dfrac{5}{7}$

❸ $\dfrac{4}{7} \times \dfrac{5}{3}$

❹ $\dfrac{7}{6} \times \dfrac{5}{6}$

❺ $\dfrac{5}{7} \times \dfrac{3}{4}$

❻ $\dfrac{9}{14} \times \dfrac{3}{5}$

❼ $5 \times \dfrac{2}{21}$

❽ $3 \times \dfrac{4}{11}$

3 計算をしましょう。

1つ7〔28点〕

❶ $\dfrac{11}{5} \times \dfrac{3}{4}$

❷ $\dfrac{7}{6} \times \dfrac{5}{3}$

❸ $\dfrac{2}{3} \times \dfrac{10}{11}$

❹ $2 \times \dfrac{12}{13}$

答えは
65ページ

2 分数のかけ算
分数のかけ算 ②

／100点

1 計算をしましょう。　　　　　　　　　　　　　　　　1つ4〔16点〕

❶ $\dfrac{2}{3} \times \dfrac{2}{3}$

❷ $\dfrac{3}{7} \times \dfrac{2}{5}$

❸ $\dfrac{2}{7} \times \dfrac{2}{5}$

❹ $3 \times \dfrac{5}{17}$

2 計算をしましょう。　　　　　　　　　　　　　　　　1つ6〔48点〕

❶ $\dfrac{2}{3} \times \dfrac{7}{5}$

❷ $\dfrac{4}{5} \times \dfrac{9}{7}$

❸ $\dfrac{8}{5} \times \dfrac{8}{7}$

❹ $\dfrac{9}{8} \times \dfrac{3}{5}$

❺ $\dfrac{5}{6} \times \dfrac{7}{11}$

❻ $\dfrac{10}{9} \times \dfrac{7}{3}$

❼ $2 \times \dfrac{9}{7}$

❽ $3 \times \dfrac{9}{8}$

3 計算をしましょう。　　　　　　　　　　　　　　　　1つ6〔36点〕

❶ $\dfrac{8}{5} \times \dfrac{9}{7}$

❷ $\dfrac{5}{7} \times \dfrac{13}{9}$

❸ $\dfrac{7}{18} \times \dfrac{13}{4}$

❹ $\dfrac{3}{5} \times \dfrac{12}{5}$

❺ $\dfrac{4}{5} \times \dfrac{3}{7}$

❻ $7 \times \dfrac{5}{12}$

答えは
65ページ

2 分数のかけ算
分数のかけ算 ③

／100点

1 計算をしましょう。

1つ4〔16点〕

① $\dfrac{2}{7} \times \dfrac{3}{8}$

> **ヒント**
> ⭐ 計算のと中で約分できると
> きは、約分してから計算する
> と、簡単です。

② $\dfrac{4}{9} \times \dfrac{3}{5}$

③ $\dfrac{6}{5} \times \dfrac{1}{9}$ ④ $8 \times \dfrac{3}{4}$

2 計算をしましょう。

1つ7〔42点〕

① $\dfrac{5}{4} \times \dfrac{9}{5}$ ② $\dfrac{3}{7} \times \dfrac{5}{6}$

③ $\dfrac{8}{3} \times \dfrac{7}{8}$ ④ $\dfrac{5}{6} \times \dfrac{4}{9}$

⑤ $9 \times \dfrac{7}{12}$ ⑥ $12 \times \dfrac{2}{9}$

3 計算をしましょう。

1つ7〔42点〕

① $\dfrac{3}{4} \times \dfrac{14}{9}$ ② $\dfrac{2}{3} \times \dfrac{9}{10}$

③ $\dfrac{8}{5} \times \dfrac{15}{16}$ ④ $\dfrac{12}{5} \times \dfrac{10}{3}$

⑤ $\dfrac{20}{11} \times \dfrac{11}{2}$ ⑥ $\dfrac{8}{21} \times \dfrac{15}{16}$

答えは
66ページ

2　分数のかけ算
分数のかけ算 ③

1 計算をしましょう。　　　　　　　　　　　　1つ6〔60点〕

① $\dfrac{1}{2}\times\dfrac{2}{3}$

② $\dfrac{3}{4}\times\dfrac{1}{6}$

③ $\dfrac{4}{15}\times\dfrac{5}{7}$

④ $\dfrac{8}{9}\times\dfrac{5}{2}$

⑤ $\dfrac{7}{11}\times\dfrac{5}{14}$

⑥ $\dfrac{9}{16}\times\dfrac{12}{7}$

⑦ $5\times\dfrac{9}{10}$

⑧ $16\times\dfrac{3}{4}$

⑨ $15\times\dfrac{1}{6}$

⑩ $15\times\dfrac{8}{5}$

2 計算をしましょう。　　　　　　　　　　　　1つ5〔40点〕

① $\dfrac{4}{3}\times\dfrac{5}{8}$

② $\dfrac{2}{15}\times\dfrac{5}{6}$

③ $\dfrac{4}{15}\times\dfrac{9}{8}$

④ $\dfrac{2}{9}\times\dfrac{3}{16}$

⑤ $\dfrac{5}{12}\times\dfrac{3}{10}$

⑥ $\dfrac{25}{6}\times\dfrac{3}{5}$

⑦ $\dfrac{5}{21}\times\dfrac{14}{15}$

⑧ $\dfrac{7}{12}\times\dfrac{3}{28}$

答えは
66ページ

2　分数のかけ算
帯分数のかけ算

／100点

1 計算をしましょう。

1つ4〔16点〕

❶ $1\dfrac{1}{2} \times \dfrac{3}{4}$

> **ポイント**
> ★ 帯分数のかけ算は、帯分数を仮分数になおしてから計算します。

❷ $2\dfrac{3}{5} \times \dfrac{3}{2}$

❸ $1\dfrac{1}{3} \times 7$

❹ $2\dfrac{3}{4} \times 3$

2 計算をしましょう。

1つ7〔42点〕

❶ $2\dfrac{2}{3} \times \dfrac{4}{5}$

❷ $\dfrac{1}{6} \times 1\dfrac{5}{7}$

❸ $3\dfrac{8}{9} \times \dfrac{8}{5}$

❹ $\dfrac{7}{6} \times 3\dfrac{3}{5}$

❺ $2\dfrac{2}{9} \times 21$

❻ $12 \times 4\dfrac{5}{6}$

3 計算をしましょう。

1つ7〔42点〕

❶ $1\dfrac{1}{2} \times 1\dfrac{1}{4}$

❷ $2\dfrac{3}{10} \times 3\dfrac{3}{4}$

❸ $3\dfrac{4}{7} \times 3\dfrac{4}{15}$

❹ $4\dfrac{4}{11} \times 2\dfrac{7}{24}$

❺ $2\dfrac{4}{5} \times 4\dfrac{3}{8}$

❻ $2\dfrac{22}{25} \times 2\dfrac{11}{12}$

答えは
66ページ

2 分数のかけ算
帯分数のかけ算

1 計算をしましょう。　　　　　　　　　　　　　　　1つ6〔60点〕

❶ $2\dfrac{2}{3} \times \dfrac{2}{5}$

❷ $3\dfrac{3}{5} \times \dfrac{4}{9}$

❸ $4\dfrac{2}{7} \times \dfrac{13}{10}$

❹ $2\dfrac{2}{13} \times 39$

❺ $4\dfrac{2}{3} \times \dfrac{5}{8}$

❻ $\dfrac{13}{16} \times 2\dfrac{2}{5}$

❼ $2\dfrac{1}{4} \times \dfrac{16}{15}$

❽ $\dfrac{12}{11} \times 4\dfrac{1}{8}$

❾ $2\dfrac{2}{9} \times 15$

❿ $6 \times 1\dfrac{2}{21}$

2 計算をしましょう。　　　　　　　　　　　　　　　1つ5〔40点〕

❶ $1\dfrac{2}{3} \times 2\dfrac{3}{4}$

❷ $3\dfrac{1}{4} \times 1\dfrac{3}{7}$

❸ $2\dfrac{5}{8} \times 1\dfrac{5}{9}$

❹ $2\dfrac{4}{5} \times 2\dfrac{1}{12}$

❺ $3\dfrac{1}{13} \times 3\dfrac{9}{10}$

❻ $5\dfrac{7}{9} \times 4\dfrac{2}{13}$

❼ $3\dfrac{1}{9} \times 2\dfrac{5}{14}$

❽ $2\dfrac{3}{16} \times 1\dfrac{5}{7}$

答えは
66ページ

2　分数のかけ算

３つの分数のかけ算

／100点

1 計算をしましょう。

1つ7〔28点〕

❶ $\dfrac{1}{3} \times \dfrac{5}{2} \times \dfrac{5}{7}$

❷ $\dfrac{5}{2} \times \dfrac{1}{3} \times 7$

❸ $\dfrac{6}{5} \times 10 \times \dfrac{2}{7}$

❹ $6 \times \dfrac{3}{8} \times \dfrac{4}{9}$

2 計算をしましょう。

1つ9〔72点〕

❶ $\dfrac{7}{9} \times 2\dfrac{6}{7} \times \dfrac{2}{5}$

❷ $\dfrac{4}{3} \times 1\dfrac{7}{20} \times \dfrac{5}{17}$

❸ $2\dfrac{2}{5} \times \dfrac{5}{18} \times 9$

❹ $1\dfrac{3}{4} \times 2\dfrac{2}{7} \times \dfrac{3}{4}$

❺ $1\dfrac{1}{9} \times \dfrac{6}{7} \times 1\dfrac{13}{15}$

❻ $3\dfrac{1}{2} \times 1\dfrac{1}{5} \times 1\dfrac{1}{7}$

❼ $2\dfrac{2}{7} \times 1\dfrac{2}{5} \times 2\dfrac{1}{2}$

❽ $1\dfrac{4}{21} \times 2\dfrac{2}{15} \times 1\dfrac{7}{20}$

答えは
66ページ

かくにん 6

2 分数のかけ算
３つの分数のかけ算

月　　日

10分

／100点

1 計算をしましょう。

1つ6〔36点〕

① $\dfrac{5}{7} \times \dfrac{15}{4} \times \dfrac{16}{15}$

② $\dfrac{9}{14} \times \dfrac{7}{12} \times \dfrac{8}{5}$

③ $\dfrac{4}{7} \times \dfrac{21}{10} \times \dfrac{15}{8}$

④ $\dfrac{13}{9} \times \dfrac{8}{7} \times \dfrac{21}{26}$

⑤ $\dfrac{9}{10} \times \dfrac{12}{5} \times \dfrac{25}{18}$

⑥ $\dfrac{25}{14} \times \dfrac{21}{16} \times \dfrac{28}{15}$

2 計算をしましょう。

1つ8〔64点〕

① $1\dfrac{3}{10} \times \dfrac{5}{6} \times \dfrac{9}{26}$

② $\dfrac{6}{5} \times 1\dfrac{5}{9} \times 2\dfrac{1}{7}$

③ $1\dfrac{7}{9} \times \dfrac{3}{20} \times 1\dfrac{7}{8}$

④ $3\dfrac{3}{10} \times 1\dfrac{3}{11} \times 1\dfrac{4}{21}$

⑤ $33 \times 2\dfrac{2}{7} \times 1\dfrac{13}{22}$

⑥ $2\dfrac{2}{9} \times 4\dfrac{4}{5} \times 12$

⑦ $1\dfrac{1}{15} \times 2\dfrac{4}{7} \times 2\dfrac{11}{12}$

⑧ $2\dfrac{7}{16} \times 1\dfrac{13}{21} \times 2\dfrac{2}{13}$

答えは
67ページ

2 分数のかけ算
計算のきまりとくふう ①

／100点

1 くふうして、計算をしましょう。 1つ10〔40点〕

① $\dfrac{7}{13} \times \dfrac{3}{4} \times \dfrac{13}{14}$

ポイント

★ 分数の計算のときも、次のような計算のきまりが成り立ちます。
1 $a \times b = b \times a$
2 $(a \times b) \times c = a \times (b \times c)$
3 $(a + b) \times c = a \times c + b \times c$
4 $(a - b) \times c = a \times c - b \times c$

② $\left(\dfrac{9}{5} \times \dfrac{8}{7}\right) \times \dfrac{7}{8}$

③ $\left(\dfrac{5}{6} + \dfrac{15}{8}\right) \times \dfrac{2}{5}$

④ $\left(\dfrac{8}{3} - \dfrac{12}{5}\right) \times \dfrac{3}{4}$

2 くふうして、計算をしましょう。 1つ10〔60点〕

① $\dfrac{19}{16} \times \dfrac{5}{14} \times 1\dfrac{13}{19}$

② $\left(1\dfrac{1}{18} \times 5\dfrac{5}{9}\right) \times 1\dfrac{2}{25}$

③ $\left(\dfrac{10}{9} + \dfrac{5}{12}\right) \times 2\dfrac{7}{10}$

④ $\left(\dfrac{7}{16} - \dfrac{7}{18}\right) \times 1\dfrac{5}{7}$

⑤ $\left(1\dfrac{3}{8} + 2\dfrac{1}{5}\right) \times 1\dfrac{9}{11}$

⑥ $\left(3\dfrac{1}{9} - 1\dfrac{1}{20}\right) \times 1\dfrac{1}{14}$

答えは
67ページ

2 分数のかけ算
計算のきまりとくふう ①

1 くふうして、計算をしましょう。　　　　1つ7〔28点〕

❶ $\dfrac{18}{7} \times \dfrac{5}{17} \times \dfrac{7}{6}$

❷ $\left(\dfrac{13}{11} \times \dfrac{6}{7}\right) \times \dfrac{14}{3}$

❸ $\left(\dfrac{21}{4} + \dfrac{7}{10}\right) \times \dfrac{16}{7}$

❹ $\left(\dfrac{13}{6} - \dfrac{39}{25}\right) \times \dfrac{15}{26}$

2 くふうして、計算をしましょう。　　　　1つ9〔72点〕

❶ $\dfrac{11}{15} \times \dfrac{7}{8} \times 1\dfrac{3}{22}$

❷ $\dfrac{13}{12} \times 3\dfrac{2}{5} \times 2\dfrac{10}{13}$

❸ $\left(2\dfrac{4}{9} \times \dfrac{14}{25}\right) \times \dfrac{5}{28}$

❹ $\left(1\dfrac{2}{9} \times 2\dfrac{6}{25}\right) \times 1\dfrac{7}{8}$

❺ $\left(\dfrac{4}{15} + \dfrac{3}{25}\right) \times 2\dfrac{1}{12}$

❻ $\left(\dfrac{9}{16} - \dfrac{3}{14}\right) \times 3\dfrac{1}{9}$

❼ $\left(1\dfrac{1}{24} + \dfrac{5}{18}\right) \times 1\dfrac{1}{35}$

❽ $\left(2\dfrac{18}{35} - 1\dfrac{5}{28}\right) \times 1\dfrac{13}{22}$

答えは
67ページ

3 分数のわり算
分数のわり算 ①

／100点

1 計算をしましょう。
1つ10〔60点〕

❶ $\dfrac{1}{7} \div 3$

> **ヒント**
> ★ 分数を整数でわる計算は、分子はそのままにして、分母にその整数をかけます。
>
> 分子はそのまま
> ❶ $\dfrac{1}{7} \div \boxed{3} = \dfrac{1}{7 \times \boxed{3}}$　　❺ $3\dfrac{1}{2} \div 9 = \dfrac{7}{2} \div 9$
> 分母にかける　　　　　　　　　　　　　　か ぶんすう
> 　　　　　　　　　　　　　　　　　　仮分数になおす

❷ $\dfrac{5}{6} \div 3$

❸ $\dfrac{9}{10} \div 4$　　　　❹ $\dfrac{7}{8} \div 8$

❺ $3\dfrac{1}{2} \div 9$　　　　❻ $7\dfrac{2}{7} \div 7$

2 計算をしましょう。
1つ10〔40点〕

❶ $\dfrac{3}{4} \div 9$

> **ポイント**
> ★ 計算のと中で約分できるときは、約分してから計算すると簡単になります。
>   かんたん
> ❶ $\dfrac{3}{4} \div 9 = \dfrac{\cancel{3}}{4 \times \cancel{9}_{3}}$　　❸ $1\dfrac{5}{7} \div 4 = \dfrac{\cancel{12}^{3}}{7 \times \cancel{4}_{1}}$

❷ $\dfrac{4}{5} \div 6$

❸ $1\dfrac{5}{7} \div 4$　　　　❹ $2\dfrac{1}{12} \div 10$

答えは
67ページ

3 分数のわり算
分数のわり算 ①

／100点

1 計算をしましょう。

1つ5〔30点〕

❶ $\dfrac{1}{4} \div 6$　　　　　　　❷ $\dfrac{3}{8} \div 4$

❸ $\dfrac{2}{5} \div 5$　　　　　　　❹ $2\dfrac{1}{2} \div 8$

❺ $6\dfrac{1}{3} \div 6$　　　　　　　❻ $3\dfrac{5}{9} \div 3$

2 計算をしましょう。

1つ7〔70点〕

❶ $\dfrac{4}{5} \div 2$　　　　　　　❷ $\dfrac{5}{8} \div 15$

❸ $\dfrac{6}{7} \div 18$　　　　　　　❹ $\dfrac{8}{15} \div 12$

❺ $1\dfrac{5}{7} \div 16$　　　　　　　❻ $1\dfrac{5}{9} \div 21$

❼ $2\dfrac{4}{7} \div 9$　　　　　　　❽ $5\dfrac{5}{6} \div 5$

❾ $3\dfrac{7}{15} \div 12$　　　　　　❿ $4\dfrac{8}{13} \div 16$

答えは
67ページ

3 分数のわり算
分数のわり算 ②

／100点

1 計算をしましょう。

1つ4〔16点〕

❶ $\dfrac{2}{3} \div \dfrac{3}{4}$

ポイント

★ 分数÷分数は、わる数の逆数をかけて計算します。

$$\dfrac{b}{a} \div \dfrac{d}{c} = \dfrac{b}{a} \times \dfrac{c}{d}$$

❷ $\dfrac{5}{8} \div \dfrac{4}{5}$

❸ $\dfrac{3}{5} \div \dfrac{7}{2}$

❹ $2 \div \dfrac{11}{4}$

2 計算をしましょう。

1つ7〔56点〕

❶ $\dfrac{1}{5} \div \dfrac{3}{7}$

❷ $\dfrac{5}{8} \div \dfrac{7}{5}$

❸ $\dfrac{5}{6} \div \dfrac{6}{7}$

❹ $\dfrac{2}{9} \div \dfrac{5}{4}$

❺ $\dfrac{2}{9} \div \dfrac{1}{4}$

❻ $\dfrac{6}{11} \div \dfrac{5}{6}$

❼ $3 \div \dfrac{11}{3}$

❽ $2 \div \dfrac{13}{5}$

3 計算をしましょう。

1つ7〔28点〕

❶ $\dfrac{5}{4} \div \dfrac{11}{9}$

❷ $\dfrac{11}{3} \div \dfrac{12}{5}$

❸ $\dfrac{7}{4} \div \dfrac{5}{3}$

❹ $4 \div \dfrac{15}{4}$

答えは
67ページ

3 分数のわり算
分数のわり算 ②

1 計算をしましょう。　　　　　　　　　　　1つ4〔16点〕

① $\dfrac{5}{8} \div \dfrac{1}{7}$

② $\dfrac{5}{9} \div \dfrac{7}{8}$

③ $\dfrac{3}{4} \div \dfrac{2}{5}$

④ $7 \div \dfrac{11}{7}$

2 計算をしましょう。　　　　　　　　　　　1つ6〔36点〕

① $\dfrac{4}{7} \div \dfrac{5}{3}$

② $\dfrac{8}{9} \div \dfrac{11}{5}$

③ $\dfrac{4}{15} \div \dfrac{5}{8}$

④ $\dfrac{10}{7} \div \dfrac{7}{6}$

⑤ $5 \div \dfrac{12}{11}$

⑥ $11 \div \dfrac{10}{3}$

3 計算をしましょう。　　　　　　　　　　　1つ6〔48点〕

① $\dfrac{6}{5} \div \dfrac{5}{3}$

② $\dfrac{9}{2} \div \dfrac{4}{3}$

③ $\dfrac{13}{6} \div \dfrac{8}{5}$

④ $\dfrac{9}{4} \div \dfrac{2}{3}$

⑤ $\dfrac{7}{5} \div \dfrac{12}{13}$

⑥ $\dfrac{9}{10} \div \dfrac{5}{3}$

⑦ $\dfrac{11}{12} \div \dfrac{2}{5}$

⑧ $\dfrac{13}{5} \div \dfrac{11}{4}$

答えは
67ページ

3 分数のわり算
分数のわり算 ③

／100点

1 計算をしましょう。

1つ5〔10点〕

❶ $\dfrac{3}{2} \div \dfrac{1}{4}$

❷ $4 \div \dfrac{6}{5}$

> **ヒント**
> ★ 計算のと中で約分できるときは、約分してから計算すると、簡単です。

2 計算をしましょう。

1つ6〔48点〕

❶ $\dfrac{3}{5} \div \dfrac{6}{7}$

❷ $\dfrac{7}{10} \div \dfrac{2}{5}$

❸ $\dfrac{5}{8} \div \dfrac{5}{7}$

❹ $\dfrac{2}{9} \div \dfrac{5}{3}$

❺ $\dfrac{8}{3} \div \dfrac{4}{11}$

❻ $\dfrac{6}{5} \div \dfrac{15}{2}$

❼ $4 \div \dfrac{2}{7}$

❽ $16 \div \dfrac{8}{3}$

3 計算をしましょう。

1つ7〔42点〕

❶ $\dfrac{6}{11} \div \dfrac{3}{11}$

❷ $\dfrac{5}{6} \div \dfrac{1}{12}$

❸ $\dfrac{25}{12} \div \dfrac{15}{8}$

❹ $\dfrac{11}{8} \div \dfrac{33}{28}$

❺ $\dfrac{26}{21} \div \dfrac{13}{3}$

❻ $\dfrac{7}{25} \div \dfrac{14}{5}$

答えは
68ページ

3 分数のわり算
分数のわり算 ③

1 計算をしましょう。　　　　　　　　　　　1つ5〔40点〕

① $\dfrac{1}{3} \div \dfrac{4}{9}$

② $\dfrac{5}{8} \div \dfrac{15}{2}$

③ $\dfrac{4}{7} \div \dfrac{5}{14}$

④ $\dfrac{9}{10} \div \dfrac{3}{7}$

⑤ $\dfrac{7}{6} \div \dfrac{7}{8}$

⑥ $\dfrac{3}{4} \div \dfrac{5}{6}$

⑦ $4 \div \dfrac{8}{9}$

⑧ $8 \div \dfrac{4}{15}$

2 計算をしましょう。　　　　　　　　　　　1つ6〔60点〕

① $\dfrac{7}{8} \div \dfrac{7}{4}$

② $\dfrac{5}{12} \div \dfrac{15}{4}$

③ $\dfrac{8}{9} \div \dfrac{14}{3}$

④ $\dfrac{8}{21} \div \dfrac{12}{7}$

⑤ $\dfrac{6}{11} \div \dfrac{5}{22}$

⑥ $\dfrac{15}{8} \div \dfrac{3}{2}$

⑦ $\dfrac{9}{4} \div \dfrac{3}{16}$

⑧ $\dfrac{15}{14} \div \dfrac{21}{4}$

⑨ $\dfrac{35}{12} \div \dfrac{25}{21}$

⑩ $\dfrac{39}{18} \div \dfrac{26}{27}$

答えは68ページ

月　　日

10分

／100点

3 分数のわり算
帯分数のわり算

1 計算をしましょう。

1つ4〔16点〕

① $1\dfrac{2}{3} \div \dfrac{3}{4}$

② $1\dfrac{1}{6} \div \dfrac{14}{5}$

ポイント

★ 帯分数のわり算は、帯分数を仮分数になおしてから計算します。

③ $2\dfrac{1}{4} \div 3$

④ $2\dfrac{4}{9} \div 8$

2 計算をしましょう。

1つ7〔42点〕

① $\dfrac{3}{4} \div 2\dfrac{1}{3}$

② $\dfrac{3}{5} \div 2\dfrac{1}{4}$

③ $\dfrac{9}{7} \div 1\dfrac{3}{4}$

④ $\dfrac{13}{6} \div 3\dfrac{5}{7}$

⑤ $12 \div 1\dfrac{3}{5}$

⑥ $14 \div 2\dfrac{5}{8}$

3 計算をしましょう。

1つ7〔42点〕

① $1\dfrac{1}{3} \div 2\dfrac{1}{2}$

② $2\dfrac{2}{5} \div 2\dfrac{1}{3}$

③ $2\dfrac{2}{9} \div 2\dfrac{5}{6}$

④ $2\dfrac{1}{10} \div 3\dfrac{1}{9}$

⑤ $3\dfrac{1}{8} \div 4\dfrac{7}{12}$

⑥ $4\dfrac{5}{7} \div 3\dfrac{13}{14}$

答えは
68ページ

3 分数のわり算
帯分数のわり算

1 計算をしましょう。　　　　　　　　　　　　　　1つ6〔60点〕

① $2\dfrac{1}{4} \div \dfrac{2}{3}$

② $1\dfrac{2}{9} \div \dfrac{1}{3}$

③ $2\dfrac{4}{5} \div \dfrac{7}{2}$

④ $3\dfrac{3}{4} \div 10$

⑤ $3\dfrac{2}{3} \div 22$

⑥ $\dfrac{1}{8} \div 3\dfrac{1}{2}$

⑦ $\dfrac{5}{6} \div 2\dfrac{1}{7}$

⑧ $\dfrac{11}{8} \div 2\dfrac{1}{4}$

⑨ $18 \div 2\dfrac{2}{3}$

⑩ $14 \div 4\dfrac{4}{5}$

2 計算をしましょう。　　　　　　　　　　　　　　1つ5〔40点〕

① $2\dfrac{2}{3} \div 1\dfrac{1}{2}$

② $3\dfrac{3}{4} \div 2\dfrac{1}{5}$

③ $3\dfrac{1}{8} \div 1\dfrac{4}{11}$

④ $2\dfrac{1}{6} \div 2\dfrac{8}{9}$

⑤ $3\dfrac{8}{9} \div 1\dfrac{13}{15}$

⑥ $2\dfrac{5}{8} \div 1\dfrac{13}{14}$

⑦ $3\dfrac{1}{6} \div 4\dfrac{2}{9}$

⑧ $2\dfrac{7}{10} \div 2\dfrac{13}{16}$

答えは
68ページ

3 分数のわり算
3つの分数のわり算

／100点

1️⃣ 計算をしましょう。

1つ7〔28点〕

❶ $\dfrac{3}{4} \div \dfrac{10}{7} \div \dfrac{2}{3}$

> **ポイント**
> ⭐ 3つの分数のわり算も、2つの分数のわり算と同じように、わる数を逆数にして、かけ算になおしてから計算します。

❷ $\dfrac{3}{2} \div \dfrac{4}{5} \div 7$

❸ $\dfrac{5}{3} \div 10 \div \dfrac{8}{7}$

❹ $8 \div \dfrac{3}{4} \div \dfrac{8}{9}$

2️⃣ 計算をしましょう。

1つ9〔72点〕

❶ $\dfrac{2}{7} \div 1\dfrac{1}{14} \div \dfrac{3}{5}$

❷ $2\dfrac{2}{5} \div \dfrac{6}{7} \div \dfrac{11}{10}$

❸ $2\dfrac{3}{4} \div 22 \div \dfrac{15}{16}$

❹ $2\dfrac{4}{5} \div \dfrac{7}{25} \div 3\dfrac{1}{3}$

❺ $18 \div 2\dfrac{2}{3} \div 4\dfrac{1}{2}$

❻ $2\dfrac{5}{14} \div 3\dfrac{1}{7} \div \dfrac{7}{8}$

❼ $5\dfrac{1}{3} \div 1\dfrac{5}{7} \div 1\dfrac{5}{9}$

❽ $2\dfrac{5}{6} \div 1\dfrac{3}{14} \div 3\dfrac{1}{9}$

答えは
68ページ

3 分数のわり算

3つの分数のわり算

／100点

1 計算をしましょう。

1つ6〔36点〕

① $\dfrac{8}{3} \div \dfrac{1}{5} \div \dfrac{7}{2}$

② $\dfrac{1}{4} \div \dfrac{9}{7} \div 2$

③ $\dfrac{11}{8} \div 5 \div \dfrac{3}{4}$

④ $8 \div \dfrac{16}{5} \div 4$

⑤ $\dfrac{4}{7} \div \dfrac{3}{5} \div \dfrac{8}{21}$

⑥ $\dfrac{8}{3} \div \dfrac{16}{9} \div \dfrac{15}{14}$

2 計算をしましょう。

1つ8〔64点〕

① $\dfrac{3}{4} \div \dfrac{7}{8} \div 1\dfrac{4}{5}$

② $\dfrac{4}{9} \div 1\dfrac{5}{6} \div \dfrac{8}{15}$

③ $3\dfrac{3}{8} \div \dfrac{9}{14} \div 1\dfrac{2}{5}$

④ $\dfrac{10}{13} \div 15 \div 2\dfrac{2}{3}$

⑤ $2\dfrac{8}{9} \div 3\dfrac{1}{3} \div 13$

⑥ $\dfrac{6}{7} \div 1\dfrac{5}{13} \div 2\dfrac{11}{14}$

⑦ $1\dfrac{7}{8} \div 2\dfrac{7}{9} \div 2\dfrac{7}{10}$

⑧ $2\dfrac{5}{6} \div 1\dfrac{11}{15} \div 2\dfrac{8}{13}$

答えは
68ページ

3　分数のわり算
計算のきまりとくふう ②

／100点

1　くふうして、計算をしましょう。

1つ10〔40点〕

① $\dfrac{5}{8} \div \dfrac{7}{3} \div \dfrac{5}{4}$

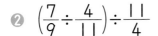
★ わる数を逆数にして、かけ算になおしてから、計算のきまりを使って計算します。

② $\left(\dfrac{7}{9} \div \dfrac{4}{11}\right) \div \dfrac{11}{4}$

③ $\left(\dfrac{5}{12} + \dfrac{15}{8}\right) \div \dfrac{5}{8}$

④ $\left(\dfrac{21}{16} - \dfrac{7}{12}\right) \div \dfrac{21}{4}$

2　くふうして、計算をしましょう。

1つ10〔60点〕

① $\dfrac{13}{9} \div \dfrac{5}{6} \div 3\dfrac{1}{4}$

② $\left(10 \div 2\dfrac{5}{8}\right) \div \dfrac{8}{7}$

③ $\left(\dfrac{7}{15} + \dfrac{7}{4}\right) \div 1\dfrac{1}{6}$

④ $\left(\dfrac{11}{12} - \dfrac{11}{14}\right) \div 1\dfrac{5}{6}$

⑤ $\left(1\dfrac{7}{9} + 1\dfrac{1}{15}\right) \div 2\dfrac{2}{15}$

⑥ $\left(2\dfrac{1}{8} - 1\dfrac{5}{12}\right) \div 1\dfrac{7}{10}$

答えは
69ページ

3 分数のわり算
計算のきまりとくふう ②

1 くふうして、計算をしましょう。　　　　　　　　　1つ7〔28点〕

❶ $\dfrac{8}{7} \div \dfrac{9}{5} \div \dfrac{16}{7}$

❷ $\left(\dfrac{11}{9} \div \dfrac{12}{7}\right) \div \dfrac{14}{3}$

❸ $\left(\dfrac{7}{12} + \dfrac{21}{8}\right) \div \dfrac{7}{4}$

❹ $\left(\dfrac{8}{15} - \dfrac{9}{20}\right) \div \dfrac{6}{5}$

2 くふうして、計算をしましょう。　　　　　　　　　1つ9〔72点〕

❶ $2\dfrac{3}{11} \div \dfrac{13}{24} \div \dfrac{15}{11}$

❷ $\left(\dfrac{7}{13} \div \dfrac{5}{18}\right) \div 1\dfrac{11}{25}$

❸ $\left(\dfrac{7}{12} + \dfrac{14}{15}\right) \div 2\dfrac{1}{3}$

❹ $\left(\dfrac{15}{16} - \dfrac{9}{20}\right) \div 1\dfrac{7}{8}$

❺ $\left(3\dfrac{1}{9} + 1\dfrac{1}{6}\right) \div 4\dfrac{2}{3}$

❻ $\left(5\dfrac{1}{9} - 3\dfrac{2}{7}\right) \div 4\dfrac{3}{5}$

❼ $\left(2\dfrac{11}{20} + 2\dfrac{4}{15}\right) \div 1\dfrac{7}{10}$

❽ $\left(4\dfrac{7}{12} - 1\dfrac{17}{18}\right) \div 2\dfrac{17}{24}$

答えは
69ページ

3　分数のわり算
＋、－、×、÷の混じった計算

10分

／100点

1 計算をしましょう。

1つ10〔40点〕

❶ $\dfrac{1}{5} \times \dfrac{9}{8} \div \dfrac{3}{4}$

> **ポイント**
> ★ 分数のかけ算とわり算の混じった式は、わる数を逆数にして、かけ算になおしてから計算します。

❷ $1\dfrac{1}{6} \times \dfrac{2}{3} \div 1\dfrac{2}{9}$

❸ $\dfrac{5}{6} \div \dfrac{2}{3} \times \dfrac{1}{10}$

❹ $\dfrac{5}{6} \div 1\dfrac{1}{9} \times 10 \div \dfrac{5}{8}$

2 計算をしましょう。

1つ10〔60点〕

❶ $\dfrac{1}{3} + \dfrac{1}{2} \times \dfrac{2}{3}$

❷ $\dfrac{5}{2} - \dfrac{4}{7} \times \dfrac{7}{3}$

❸ $\dfrac{5}{6} + \dfrac{1}{4} \div \dfrac{3}{8}$

❹ $\dfrac{3}{4} - \dfrac{5}{6} \div 1\dfrac{2}{3}$

❺ $\dfrac{7}{8} + \dfrac{1}{2} \times \dfrac{1}{4} - \dfrac{1}{6}$

❻ $\dfrac{7}{10} - \dfrac{4}{5} \div 1\dfrac{5}{7} + \dfrac{4}{15}$

答えは
69ページ

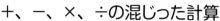
3　分数のわり算

＋、－、×、÷の混じった計算

1 計算をしましょう。

1つ6〔36点〕

❶ $\dfrac{2}{3} \times \dfrac{3}{5} \div \dfrac{10}{13}$

❷ $\dfrac{9}{14} \times 1\dfrac{3}{5} \div 1\dfrac{5}{7}$

❸ $\dfrac{4}{5} \div \dfrac{6}{11} \times \dfrac{15}{14}$

❹ $2\dfrac{2}{3} \div 1\dfrac{1}{6} \times 1\dfrac{5}{16}$

❺ $1\dfrac{3}{4} \times 3 \div 1\dfrac{5}{9} \times \dfrac{1}{27}$

❻ $1\dfrac{1}{8} \div 6 \times 4\dfrac{2}{3} \div \dfrac{7}{10}$

2 計算をしましょう。

1つ8〔64点〕

❶ $\dfrac{4}{5} - \dfrac{3}{4} \times \dfrac{5}{6}$

❷ $1\dfrac{1}{4} + 10 \times \dfrac{2}{15}$

❸ $\dfrac{1}{3} + \dfrac{2}{5} \div \dfrac{4}{3}$

❹ $\dfrac{15}{4} - 8 \div 2\dfrac{2}{7}$

❺ $2\dfrac{1}{2} - \dfrac{4}{7} \times 2\dfrac{1}{3} + \dfrac{5}{6}$

❻ $\dfrac{2}{3} + 3\dfrac{3}{4} \div 4\dfrac{1}{2} - \dfrac{3}{5}$

❼ $\dfrac{5}{6} \times \dfrac{9}{10} + \dfrac{15}{16} \div 1\dfrac{1}{8}$

❽ $\dfrac{5}{12} \div \dfrac{3}{8} - \dfrac{4}{15} \times 3\dfrac{1}{8}$

答えは
69ページ

3 分数のわり算
小数を分数で表すかけ算・わり算

／100点

1 わり算を分数で表して、計算をしましょう。　　　　　　　　　1つ7〔28点〕

❶ $2 \div 3 + 1 \div 4$

❷ $3 \div 5 - 1 \div 6$

> ヒント
> わり算のところを、わられる数が分子、わる数が分母の分数で表して計算します。

❸ $5 \div 11 \times 2$

❹ $9 \div 12 \times 7 \div 3$

2 小数を分数で表して、計算をしましょう。　　　　　　　　　1つ9〔72点〕

❶ $3 \div 0.9$

❷ $1.4 \div 3.5$

❸ $4.9 \times \dfrac{2}{7}$

❹ $6.3 \div \dfrac{9}{8}$

❺ $\dfrac{7}{20} \div 0.21$

❻ $4.5 \div \dfrac{3}{8}$

❼ $0.75 \times 1\dfrac{7}{9}$

❽ $4.8 \div 3\dfrac{3}{4}$

答えは
69ページ

3 分数のわり算
小数を分数で表すかけ算・わり算

／100点

1 わり算を分数で表して、計算をしましょう。　　　1つ5〔40点〕

① $4 \div 3 + 5 \div 4$

② $5 \div 7 + 6 \div 4$

③ $5 \div 2 - 3 \div 5$

④ $8 \div 9 - 9 \div 12$

⑤ $7 \div 8 \times 5$

⑥ $6 \div 8 \times 12$

⑦ $18 \div 4 \times 5 \div 9$

⑧ $9 \div 14 \div 3 \times 21$

2 小数を分数で表して、計算をしましょう。　　　1つ6〔60点〕

① $14 \div 0.7$

② $18 \div 0.6$

③ $0.6 \div 0.9$

④ $2.1 \div 1.4$

⑤ $8.1 \times \dfrac{25}{27}$

⑥ $\dfrac{7}{18} \times 2.4$

⑦ $0.9 \div \dfrac{12}{25}$

⑧ $\dfrac{13}{8} \div 5.2$

⑨ $0.56 \times 2\dfrac{6}{7}$

⑩ $1.75 \div 2\dfrac{5}{8}$

答えは
69ページ

きほん 16

4　分数と割合・速さ
比べられる量やもとにする量と分数

／100点

1 □にあてはまる分数を書きましょう。　　　1つ15〔45点〕

❶ $\frac{5}{8}$ m は $\frac{1}{2}$ m の □ 倍です。

> **ポイント**
> ★ 割合は次の式で求められます。
> 割合＝比べられる量
> 　　　÷もとにする量

❷ $\frac{3}{8}$ kg は $\frac{5}{4}$ kg の □ 倍です。

❸ $\frac{5}{6}$ km は $\frac{7}{9}$ km の □ 倍です。

2 □にあてはまる数を書きましょう。　　　1つ10〔20点〕

❶ 200円の $\frac{3}{4}$ 倍は □ 円です。

> **ポイント**
> ★ 比べられる量
> 　＝もとにする量×割合

❷ 12L の $\frac{7}{3}$ 倍は □ L です。

3 □にあてはまる数を書きましょう。　　　1つ10〔20点〕

❶ □ 人の $\frac{1}{3}$ 倍は27人です。

> **ポイント**
> ★ もとにする量
> 　＝比べられる量÷割合

❷ □ dL の $\frac{5}{4}$ 倍は $\frac{11}{2}$ dL です。

4 長さが $\frac{3}{5}$ m で重さが $\frac{17}{10}$ kg ある鉄管の 1m の重さは何kg ですか。

〔15点〕

（　　　　　　　　）

答えは
69ページ

4 分数と割合・速さ
比べられる量やもとにする量と分数

1 □にあてはまる分数を書きましょう。　　　　　1つ15〔45点〕

❶ $\dfrac{7}{3}$ m は $\dfrac{5}{6}$ m の □ 倍です。

❷ $\dfrac{25}{9}$ L は $\dfrac{10}{3}$ L の □ 倍です。

❸ $\dfrac{24}{7}$ cm は $\dfrac{27}{14}$ cm の □ 倍です。

2 □にあてはまる数を書きましょう。　　　　　1つ10〔20点〕

❶ $\dfrac{15}{8}$ kg の $\dfrac{5}{6}$ 倍は □ kg です。

❷ $\dfrac{9}{4}$ m² の $\dfrac{16}{27}$ 倍は □ m² です。

3 □にあてはまる数を書きましょう。　　　　　1つ10〔20点〕

❶ □ km の $\dfrac{4}{7}$ 倍は 36 km です。

❷ □ g の $\dfrac{9}{5}$ 倍は 108 g です。

4 $\dfrac{3}{4}$ 時間で $\dfrac{9}{100}$ km² 耕すことができるトラクターは、1時間で何km² 耕すことができますか。

〔15点〕

(　　　　　　　)

答えは
70ページ

4 分数と割合・速さ
時間と分数、速さと分数

／100点

1 □にあてはまる数を書きましょう。　　1つ5〔40点〕

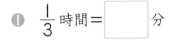

❶ $\dfrac{1}{3}$ 時間 ＝ □ 分

> **ポイント**
> ★ 分数を使って「秒」を「分」の単位で表すことや、「分」を「時間」の単位で表すことができます。

❷ $\dfrac{3}{4}$ 分 ＝ □ 秒

❸ $1\dfrac{5}{6}$ 時間 ＝ □ 分　　❹ $1\dfrac{3}{5}$ 分 ＝ □ 秒

❺ 35 分 ＝ □ 時間　　❻ 32 秒 ＝ □ 分

❼ 95 分 ＝ □ 時間　　❽ 78 秒 ＝ □ 分

2 □にあてはまる数を書きましょう。　　1つ12〔60点〕

❶ 時速 40 km で $\dfrac{1}{6}$ 時間走ると、□ km 進みます。

❷ 分速 50 m で 20 秒歩くと、□ m 進みます。

❸ 時速 $12\dfrac{1}{2}$ km で 50 km 進むのにかかる時間は、□ 時間です。

❹ $\dfrac{3}{7}$ 時間で 15 km 進むときの速さは、時速 □ km です。

❺ $\dfrac{13}{15}$ 分で 78 m 進むときの速さは、分速 □ m です。

答えは
70ページ

かくにん **17**

4　分数と割合・速さ
時間と分数、速さと分数

／100点

1 □にあてはまる数を書きましょう。

1つ5〔40点〕

❶ $\frac{19}{6}$ 分 = ☐ 秒

❷ $\frac{11}{3}$ 時間 = ☐ 分

❸ $2\frac{3}{10}$ 時間 = ☐ 分

❹ $3\frac{3}{4}$ 分 = ☐ 秒

❺ $3\frac{4}{15}$ 時間 = ☐ 時間 ☐ 分

❻ $2\frac{2}{5}$ 分 = ☐ 分 ☐ 秒

❼ 1 時間 50 分 = ☐ 時間

❽ 4 分 35 秒 = ☐ 分

2 □にあてはまる数を書きましょう。

1つ12〔60点〕

❶ $2\frac{2}{5}$ 時間で 33 km 進むときの速さは、時速 ☐ km です。

❷ 分速 78 m で 169 m 進むのにかかる時間は、☐ 分です。

❸ 時速 54 km で 144 km 進むのにかかる時間は、
☐ 時間 ☐ 分です。

❹ $\frac{5}{3}$ 秒で $\frac{35}{9}$ m 進むときの速さは、秒速 ☐ m です。

❺ 時速 8 km で 2 時間 25 分走ると、☐ km 進みます。

答えは
70ページ

5　円の面積
円の面積、いろいろな図形の面積

／100点

1▶ 次の円の面積を求めましょう。　　　　　　　　1つ10〔40点〕

❶　半径 2 cm の円

（　　　　　　　　）

ポイント
★ 円の面積
＝ 半径 × 半径 × 円周率（3.14）

❷　半径 5 cm の円

（　　　　　　　　）

❸　直径 6 cm の円　　　　　❹　直径 8 cm の円

（　　　　　　　　）　　　　　（　　　　　　　　）

2▶ 次の図形の面積を求めましょう。　　　　　　1つ15〔30点〕

❶　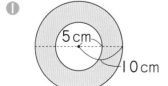

10cm

❷　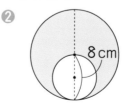

6cm

（　　　　　　　　）　　　　　（　　　　　　　　）

3▶ 次の色をつけた部分の面積を求めましょう。　1つ15〔30点〕

❶

5cm

10cm

❷

8cm

（　　　　　　　　）　　　　　（　　　　　　　　）

答えは
70ページ

5 円の面積
円の面積、いろいろな図形の面積

／100点

1 次の円の面積を求めましょう。

1つ15〔30点〕

❶

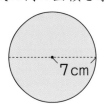

7cm

❷

13cm

(　　　　　　)　　　(　　　　　　)

2 次の図形の面積を求めましょう。

1つ15〔30点〕

❶

9cm
60°

❷

120°　12cm

(　　　　　　)　　　(　　　　　　)

3 次の色をつけた部分の面積を求めましょう。

1つ20〔40点〕

❶

8cm

❷

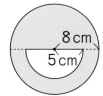

8cm
5cm

(　　　　　　)　　　(　　　　　　)

答えは
70ページ

6　角柱と円柱の体積
角柱と円柱の体積

／100点

1 ▶ 次の角柱や円柱の体積を求めましょう。

1つ12〔60点〕

❶
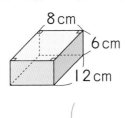
8cm
6cm
12cm

ポイント
★ 角柱、円柱の体積
＝ 底面積×高さ

(　　　　　　　　　)

❷
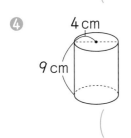
5cm
7cm
10cm

(　　　　　　　　　)

❸
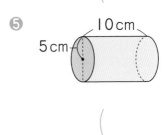
6cm
5cm
7cm
10cm

(　　　　　　　　　)

❹
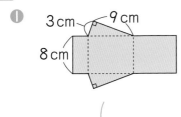
4cm
9cm

(　　　　　　　　　)

❺
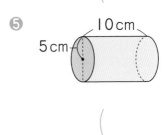
10cm
5cm

(　　　　　　　　　)

2 ▶ 次の展開図を組み立ててできる立体の体積を求めましょう。

❶
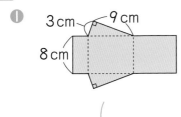
3cm　9cm
8cm

❷
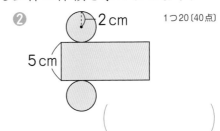
2cm
5cm

1つ20〔40点〕

(　　　　　　　　　)　　　　　　(　　　　　　　　　)

答えは
70ページ

6　角柱と円柱の体積
角柱と円柱の体積

／100点

1 次の角柱や円柱の体積を求めましょう。　　　　　1つ10〔60点〕

❶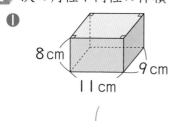

（　　　　　　　　）

❷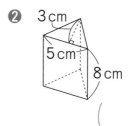

（　　　　　　　　）

❸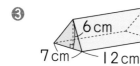

（　　　　　　　　）

❹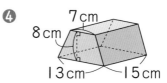

（　　　　　　　　）

❺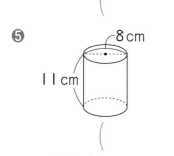

（　　　　　　　　）

❻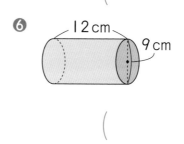

（　　　　　　　　）

2 次の展開図を組み立ててできる立体の体積を求めましょう。

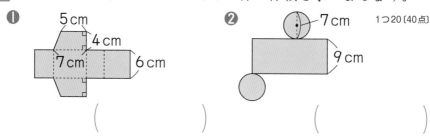

❶ 5cm 4cm 7cm 6cm

❷ 7cm 9cm　　1つ20〔40点〕

（　　　　　　　　）　　　　（　　　　　　　　）

答えは
70ページ

6 角柱と円柱の体積
いろいろな角柱や円柱の体積

1 次の立体の体積を求めましょう。

1つ20〔40点〕

❶
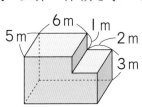

6m　1m
5m　　　　2m
　　　　3m

（　　　　　　　）

ヒント
❶「┗」の面を底面
とした角柱と考えて、
体積を求めます。

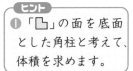

❷
6cm
7cm

（　　　　　　　）

ヒント
❷ 円柱を半分に切っ
た立体の体積を求め
ます。

2 次の立体の体積を求めましょう。

1つ30〔60点〕

❶
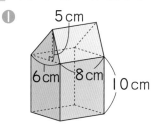

5cm
6cm　8cm　10cm

（　　　　　　　）

❷
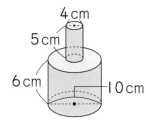

4cm
5cm
6cm　　10cm

（　　　　　　　）

6　角柱と円柱の体積
いろいろな角柱や円柱の体積

／100点

1 次の立体の体積を求めましょう。　　　　　　　1つ15〔60点〕

❶

10 cm
7 cm
11 cm
6 cm
6 cm

(　　　　　　　)

❷

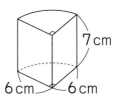

7 cm
6 cm　6 cm

(　　　　　　　)

❸
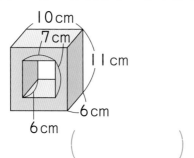

12 cm
5 cm
6 cm
9 cm
16 cm

(　　　　　　　)

❹

270°　5 cm
16 cm

(　　　　　　　)

2 次の立体の体積を求めましょう。　　　　　　　1つ20〔40点〕

❶
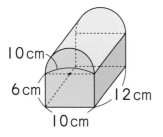

10 cm
6 cm　12 cm
10 cm

(　　　　　　　)

❷
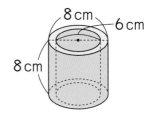

8 cm　6 cm
8 cm

(　　　　　　　)

答えは
70ページ

きほん 21

7 比
比の値、等しい比

10分

／100点

1 比の値を求めましょう。

1つ10〔60点〕

❶ 5：4

（　　　　）

> **ポイント**
> ★ a：b で表された比の、a を b でわった商のことを、比の値 といいます。

❷ 7：11

（　　　　）

❸ 3：12

（　　　　）

❹ 6：10

（　　　　）

❺ $\frac{1}{4}$：$\frac{3}{2}$

（　　　　）

❻ 0.5：1.2

（　　　　）

2 次の比と等しいものを下の⑦～⓪から選びましょう。　1つ10〔40点〕

❶ 3：4

（　　　　）

> **ポイント**
> ★ 比には次の性質があります。
> 🔟 a：b で、a と b に同じ数を かけても比は等しい。
> 2️⃣ a：b で、a と b を同じ数で わっても比は等しい。

❷ 7：9

（　　　　）

❸ 48：42

（　　　　）

❹ 24：20

（　　　　）

> ⑦ 8：7　　⑦ 36：48　　⑦ 6：5　　⓪ 42：54

答えは
70ページ

7 比
比の値、等しい比

／100点

1 比の値を求めましょう。

1つ6〔60点〕

❶ 5：8

（　　　　　）

❷ 13：6

（　　　　　）

❸ 10：25

（　　　　　）

❹ 14：7

（　　　　　）

❺ $\frac{7}{3}$：$\frac{4}{9}$

（　　　　　）

❻ 1：$\frac{9}{5}$

（　　　　　）

❼ 0.3：1.3

（　　　　　）

❽ 2.1：1.4

（　　　　　）

❾ $\frac{2}{3}$：3

（　　　　　）

❿ $\frac{6}{5}$：0.2

（　　　　　）

2 次の2つの比が等しいものには○、等しくないものには×を書きましょう。

1つ10〔40点〕

❶ 4：3と16：9

（　　　　　）

❷ 6：7と18：21

（　　　　　）

❸ 8：9と56：72

（　　　　　）

❹ 5：8と60：96

（　　　　　）

答えは
70ページ

きほん 22

7 比
比を簡単にする、比の一方の値

10分

／100点

1 次の比を簡単にしましょう。

1つ5〔30点〕

❶ 6：8
（　　　　　）

ポイント
★ 比を、それと等しい比で、いちばん小さい整数の比で表すことを「比を簡単にする」といいます。

❷ 12：9
（　　　　　）

❸ 18：30
（　　　　　）

❹ 25：45
（　　　　　）

❺ 5.1：1.7
（　　　　　）

❻ $\frac{4}{5}$：$\frac{2}{7}$
（　　　　　）

2 □にあてはまる数を書きましょう。

1つ10〔70点〕

❶ 7：4＝□：16

ヒント
✏ 比の前の数または後の数が何倍になっているかを調べて、答えを求めます。

❷ 12：18＝2：□

❸ 3：8＝□：56

❹ 4：2.5＝□：15

❺ 0.4：0.6＝□：3

❻ $\frac{2}{3}$：$\frac{4}{5}$＝5：□

❼ 0.4：$\frac{2}{3}$＝3：□

答えは
70ページ

10分

7 比
比を簡単にする、比の一方の値

／100点

1 次の比を簡単にしましょう。　　　　　　　　　　　1つ5〔40点〕

❶ 8：12

❷ 15：40

（　　　　　）　　　　　　　　　　（　　　　　）

❸ 21：49

❹ 35：55

（　　　　　）　　　　　　　　　　（　　　　　）

❺ 4.5：5.4

❻ 3：0.4

（　　　　　）　　　　　　　　　　（　　　　　）

❼ $\dfrac{4}{3}$：$\dfrac{3}{4}$

❽ $1\dfrac{3}{4}$：0.5

（　　　　　）　　　　　　　　　　（　　　　　）

2 □にあてはまる数を書きましょう。　　　　　　　1つ10〔60点〕

❶ 5：8＝□：48

❷ 28：16＝7：□

❸ 1.8：2.4＝9：□

❹ $3\dfrac{3}{5}$：$1\dfrac{1}{2}$＝□：5

❺ $\dfrac{3}{5}$：0.2＝□：1.5

❻ 3.6：$2\dfrac{1}{10}$＝4：□

答えは
71ページ

10分

きほん
23

8 拡大図と縮図
拡大図と縮図、縮図の利用

／100点

1▶ 次の図のように、⑦～⑰の形があります。　　1つ10〔40点〕

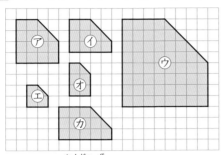

ポイント
★ 拡大図、縮図では、対応する辺の長さの比は等しく、対応する角の大きさも等しくなっています。

❶ ⑦の拡大図はどれですか。また、何倍の拡大図ですか。

（　　　　　）（　　　　　）

❷ ⑦の縮図はどれですか。また、何分の一の縮図ですか。

（　　　　　）（　　　　　）

2▶ 右の図で、三角形DEFは三角形ABCの拡大図です。　1つ15〔60点〕

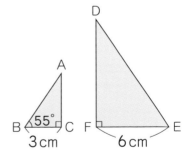

❶ 辺ABに対応する辺はどれですか。（　　　　　）

❷ 角Dは何度ですか。（　　　　　）

❸ 三角形DEFは三角形ABCの何倍の拡大図ですか。（　　　　　）

❹ 辺ACの長さが4cmのとき、辺DFの長さは何cmですか。

（　　　　　）

答えは
71ページ

月　　日

10分

8 拡大図と縮図
拡大図と縮図、縮図の利用

／100点

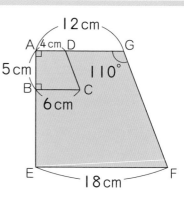

1 右の図で、四角形AEFG は四角形ABCD の拡大図です。 1つ10〔30点〕

❶ 四角形AEFG は四角形ABCD の何倍の拡大図ですか。

（　　　　　）

❷ 辺BE は何cm ですか。

（　　　　　）

❸ 角C は何度ですか。

（　　　　　）

2 600m を 1cm に縮めてかいた地図の縮尺を、分数の形と比の形で表しましょう。 1つ15〔30点〕

分数（　　　　　） 比（　　　　　）

3 2.7km を縮尺 $\dfrac{1}{30000}$ で表したとき、縮図上の長さは何cm ですか。 〔20点〕

（　　　　　）

4 縮尺 1：5000 の縮図上での 2.5cm の長さは、実際の長さでは何m ですか。 〔20点〕

（　　　　　）

答えは
71ページ

9 およその面積と体積
およその形と面積・体積

月　　　日

/100点

1 ▶ 方眼を使って、次の図形のおよその面積を求めましょう。

1つ15〔30点〕

❶ 1cm
  1cm
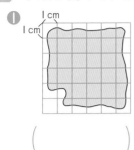

❷ 1m
  1m

ヒント

✎ ◻ は、1cm²の半分 0.5cm²、◻ は、1m²の半分 0.5m² として、面積を求めましょう。

(　　　　　)　　(　　　　　)

2 ▶ 次の図形を三角形または台形とみて、およその面積を求めましょう。

1つ15〔30点〕

❶　三角形とみたとき

15cm

12cm

(　　　　　)

❷　台形とみたとき

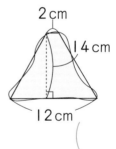

2cm

14cm

12cm

(　　　　　)

3 ▶ 次のような立体を直方体とみて、およその体積を求めましょう。

1つ20〔40点〕

❶
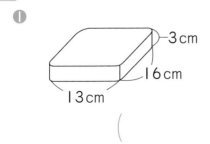

3cm
16cm
13cm

(　　　　　)

❷
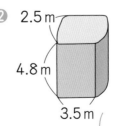

2.5m
4.8m
3.5m

(　　　　　)

答えは
71ページ

9 およその面積と体積
およその形と面積・体積

1 次の図形を三角形とみて、およその面積を求めましょう。

1つ15〔30点〕

❶
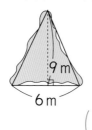
9 m
6 m

❷
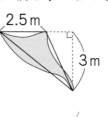
2.5 m
3 m

(　　　　　　　)　　　(　　　　　　　)

2 次の図形を平行四辺形または台形とみて、およその面積を求めましょう。

1つ15〔30点〕

❶　平行四辺形とみたとき

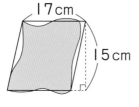
17 cm
15 cm

❷　台形とみたとき

16 cm
15 cm
18 cm

(　　　　　　　)　　　(　　　　　　　)

3 次のような立体を直方体とみて、およその体積を求めましょう。

❶
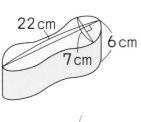
22 cm
7 cm
6 cm

❷
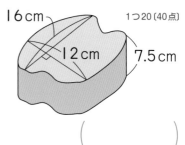
1つ20〔40点〕
16 cm
12 cm
7.5 cm

(　　　　　　　)　　　(　　　　　　　)

答えは
71ページ

きほん **25**

10 比例と反比例
比例、比例の式

／100点

1 次の表で、水そうに水を入れる時間 x (分) と水の深さ y (cm) は比例の関係にあります。あいているところにあてはまる数を書きましょう。また、x と y の関係を式に表しましょう。　1つ5〔50点〕

時間 x (分)	1	2	3	4	5	6
深さ y (cm)	2		6			12
$y \div x$ の値						

ポイント
★ 2つの量 x と y があって、x の値が2倍、3倍、…となると、y の値も2倍、3倍、…となるとき、y は x に比例するといいます。

【式】（　　　　　　　　）

2 次の関係で、y が x に比例しているものには○、比例していないものには×を書きましょう。　1つ10〔20点〕

① 針金の長さと重さの関係

長さ x (cm)	2	4	6	8	10	12
重さ y (g)	5	10	15	20	25	30

（　　　　）

② 正方形の1辺と面積の関係

1辺 x (cm)	1	2	3	4	5	6
面積 y (cm²)	1	4	9	16	25	36

（　　　　）

3 5cm² で 1g のトタン板があります。　1つ10〔30点〕

① トタン板の重さを x g、面積を y cm² としたとき、x と y の関係を式に表しましょう。（　　　　　　　　）

② x の値が9のときの y の値を求めましょう。（　　　　　　　　）

③ y の値が28のときの x の値を求めましょう。（　　　　　　　　）

答えは
71ページ

10 比例と反比例
比例、比例の式

／100点

1 次の表で、あいているところにあてはまる数を書きましょう。
また、xとyの関係を式に表しましょう。　　1つ3〔54点〕

❶　針金の長さと重さの関係

長さx(m)	2	3	6	9	10	12
重さy(g)	16	24		72		96
$y÷x$の値						

【式】(　　　　　　　　　　　)

❷　同じ速さで歩くときの歩く時間と進む道のりの関係

時間x(分)	3	5	6	8	10
道のりy(m)	150			400	
$y÷x$の値					

【式】(　　　　　　　　　　　)

2 次の関係で、yがxに比例しているものには○、比例していないものには×を書きましょう。　　1つ8〔16点〕

❶　底辺が6cmの三角形の高さと面積の関係

高さx(cm)	1	2	3	4	5	6
面積y(cm²)	3	6	9	12	15	18

(　　　　　　)

❷　バケツに水を入れるときの時間と全体の重さの関係

時間x(秒)	1	2	3	4	5	6
重さy(g)	110	120	130	140	150	160

(　　　　　　)

3 16gで100円のお茶があります。　　1つ10〔30点〕

❶　お茶の重さをxg、代金をy円として、xとyの関係を式に表しましょう。

(　　　　　　)

❷　xの値が400のときのyの値を求めましょう。(　　　　　　)

❸　yの値が375のときのxの値を求めましょう。(　　　　　　)

答えは
71ページ

きほん
26

10 比例と反比例
反比例、反比例の式

／100点

1 次の表で、決まった道のりを走る時間x(時間)と時速y(km)は反比例の関係にあります。あいているところにあてはまる数を書きましょう。また、xとyの関係を式に表しましょう。　1つ6〔54点〕

時間x(時間)	1	2	3	4	5
時速y(km)	120				24
$x×y$の値					

ポイント

★ 2つの量xとyがあって、xの値が2倍、3倍、… となると、yの値が$\frac{1}{2}$倍、$\frac{1}{3}$倍、…となるとき、yはxに反比例するといいます。

【式】(　　　　　　　　　　)

2 次の表で、yがxに反比例しているものには○、反比例していないものには×を書きましょう。　1つ8〔16点〕

① 長さ15cmのえん筆を使った日数と長さの関係

日数x(日)	1	2	3	4	5	6
長さy(cm)	14.6	14.2	13.8	13.4	13	12.6

(　　　　　　)

② ロープを等分するときの本数と1本分の長さの関係

本数x(本)	1	2	3	4	5	6
長さy(m)	12	6	4	3	2.4	2

(　　　　　　)

3 450Lの水が入る浴そうがあります。　1つ10〔30点〕

① 水を入れる時間をx分、1分間に入れる水の量をyLとしたとき、xとyの関係を式に表しましょう。(　　　　　　)

② xの値が30のときのyの値を求めましょう。(　　　　　　)

③ yの値が25のときのxの値を求めましょう。(　　　　　　)

10 比例と反比例
反比例、反比例の式

月　　日

／100点

1 次の表で、あいているところにあてはまる数を書きましょう。また、x と y の関係を式に表しましょう。

1つ3〔60点〕

❶ 面積が 12 cm² の三角形の底辺と高さの関係

底辺x(cm)	1	2	3	4	5	6
高さy(cm)		12	8		4.8	
$x×y$ の値						

【式】（　　　　　　　　　　）

❷ 36 個のあめを等分する人数と 1 人分の個数の関係

人数x(人)	1	2	3	4	6	12
個数y(個)	36		12		6	
$x×y$ の値						

【式】（　　　　　　　　　　）

2 次の表で、y が x に反比例しているものには○、反比例していないものには×を書きましょう。

1つ8〔16点〕

❶ 面積が 30 cm² の長方形の縦と横の長さの関係

縦x(cm)	1	2	3	4	5	6
横y(cm)	30	15	10	7.5	6	5

（　　　　　　　）

❷ 周りの長さが 20 cm の長方形の縦と横の長さの関係

縦x(cm)	1	2	3	4	5	6
横y(cm)	9	8	7	6	5	4

（　　　　　　　）

3 120 羽の折りづるを作ります。

1つ8〔24点〕

❶ 折る人を x 人、1 人が作る数を y 羽として、x と y の関係を式に表しましょう。

（　　　　　　　）

❷ x の値が 8 のときの y の値を求めましょう。

（　　　　　　　）

❸ y の値が 5 のときの x の値を求めましょう。

（　　　　　　　）

答えは
71ページ

きほん 27

11 場合の数
並べ方と組み合わせ方

／100点

1 次の問題に答えましょう。　　　　　　　　1つ25〔50点〕

❶　2、4、6 の 3 枚のカードを使って 3 けたの整数をつくるとき、全部で何通りの数ができますか。

（　　　　　　）

> **ポイント**
> ★ 並べ方や順番が何通りあるかを考えるときは、図や表に表して調べると分かりやすくなります。

❷　たかしさん、かずやさん、あやかさん、ひろみさんの 4 人がリレーで走る順番を考えています。走る順番は全部で何通りできますか。

（　　　　　　）

2 次の問題に答えましょう。　　　　　　　　1つ25〔50点〕

❶　A、B、C、D の 4 つのサッカーチームがあります。どのチームとも 1 回ずつ試合をします。試合の組み合わせは全部で何通りありますか。

（　　　　　　）

> **ポイント**
> ★ 組み合わせ方が何通りあるかを考えるときは、同じ組み合わせ（A・B と B・A）は 1 つとして考えます。

❷　箱の中に赤、青、黄、緑のボールが 1 個ずつ入っています。箱の中から同時に 3 個のボールを取り出すとき、ボールの組み合わせは全部で何通りありますか。

（　　　　　　）

答えは
71ページ

11 場合の数
並べ方と組み合わせ方

／100点

1 □1、□2、□3、□4 の 4 枚のカードがあります。この 4 枚の うち 3 枚を使って 3 けたの整数をつくります。　　1つ10〔40点〕

❶　次のとき、3 けたの整数は何通りできますか。

　ア　一の位が □1 のとき　　　　　　　（　　　　　　）

　イ　一の位が □3 のとき　　　　　　　（　　　　　　）

　ウ　偶数のとき　　　　　　　　　　　（　　　　　　）

❷　3 けたの整数は全部で何通りできますか。（　　　　　　）

2 1 円玉、5 円玉、10 円玉の 3 枚を同時に投げたとき、表と裏 の出方は全部で何通りありますか。　　　　　　　　　　〔20点〕

（　　　　　　）

3 A、B、C、D、E の 5 チームでつなひきをします。それぞれ どのチームとも 1 回ずつ試合をします。試合の組み合わせは全 部で何通りありますか。　　　　　　　　　　　　　　　〔20点〕

（　　　　　　）

4 赤、青、黄、緑、白の折り紙が 1 枚ずつあります。この中か ら 3 枚を選ぶとき、折り紙の組み合わせは全部で何通りありま すか。　　　　　　　　　　　　　　　　　　　　　　　〔20点〕

（　　　　　　）

答えは 71ページ

きほん **28**

12 量の単位のしくみ
長さの単位、重さの単位

／100点

1 次の□にあてはまる長さの単位を書きましょう。　1つ8〔16点〕

❶　学校にあるプールの長さは、

> ★ どのような長さの単位が使われているか考えて答えます。

　　25 [　　] です。

❷　マラソンで走るきょりは、42.195 [　　] です。

2 右の表は、長さの単位のしくみを表したものです。あいているところにあてはまる数を書きましょう。　1つ6〔18点〕

mm	cm	m	km
倍	倍	I	倍

3 次の□にあてはまる重さの単位を書きましょう。　1つ8〔16点〕

❶　理科の授業で使うおもりで、

いちばん軽いのは 100 [　　] です。

> ★ どのような重さの単位が使われているか考えて答えます。

❷　精肉店では、肉の値段を 100 [　　] あたりでつけています。

4 右の表は、重さの単位のしくみを表したものです。あいているところにあてはまる数を書きましょう。　1つ6〔18点〕

mg	g	kg	t
倍	I	倍	倍

5 次の量を（　　）の中の単位で表しましょう。　1つ8〔32点〕

❶　2 km 　　（　　　　m）　❷　3 mm 　　（　　　　m）

❸　5000 kg 　（　　　　t）　❹　8 g 　　（　　　　mg）

答えは
72ページ

12 量の単位のしくみ
長さの単位、重さの単位

/100点

1 次の量を（　）の中の単位で表しましょう。 1つ6〔60点〕

❶ 12km （　　　　　m） ❷ 5cm （　　　　　m）

❸ 0.6m （　　　　　cm） ❹ 4.8m （　　　　　km）

❺ 43000mm （　　　　　km） ❻ 4000g （　　　　　kg）

❼ 15t （　　　　　kg） ❽ 6500mg （　　　　　g）

❾ 975kg （　　　　　t） ❿ 35000g （　　　　　t）

2 次の（　）にあてはまる単位や数を書きましょう。 1つ6〔30点〕

❶ 東京タワーの高さは、地上 333（　　　）です。このとき、高さをmm で表すと、（　　　　　）mm になります。

❷ 10円玉1枚の重さは、5（　　　）です。このとき、重さをkg で表すと、（　　　　　）kg になります。

❸ 新大阪駅から鹿児島中央駅までのきょりは、900（　　　）です。

3 21tの米を70kg入るふくろにつめます。ふくろはいくつ必要ですか。 〔10点〕

（　　　　　　　）

答えは
72ページ

きほん 29

12 量の単位のしくみ
面積の単位、体積の単位

/100点

1 次の□にあてはまる面積の単位を書きましょう。 1つ7〔14点〕

❶ 半径 1cm の円の面積は、

3.14 □ です。

> **ヒント**
> ★ どのような面積の単位が使われているか考えて答えます。

❷ 縦 3m、横 2m の長方形の面積は、6 □ です。

2 右の表は、正方形の 1 辺の長さと面積について表したものです。あいているところにあてはまる数を書きましょう。 1つ6〔36点〕

1辺の長さ	1cm	1m	10m	100m	1km
正方形の面積	1cm²	m²	m²（ a）	m²（ ha）	km²

3 次の□にあてはまる体積の単位を書きましょう。 1つ7〔14点〕

❶ 1辺の長さが 2cm の立方体の体積は、8 □ です。

> **ヒント**
> ★ どのような体積の単位が使われているか考えて答えます。

❷ ある学校のプールでは、水が 350 □ 入ります。

4 右の表は、立方体の 1 辺の長さと体積、その体積の水の量と重さについて表したものです。あいているところにあてはまる数を書きましょう。 1つ6〔36点〕

1辺の長さ	1cm		10cm	1m
立方体の体積	1cm³	100cm³	1000cm³	m³
水の量	mL	1dL	1L	kL
水の重さ	g	g	1kg	t

12 量の単位のしくみ
面積の単位、体積の単位

/100点

1▶ 次の量を（　　）の中の単位で表しましょう。　　　　1つ6〔48点〕

❶ 30000 cm² （　　　　　m²）　❷ 6000 ha （　　　　　km²）

❸ 0.8 ha （　　　　　a）　❹ 0.157 km² （　　　　　m²）

❺ 0.24 a （　　　　　cm²）　❻ 340000 cm³ （　　　　　m³）

❼ 120 cm³ （　　　　　mL）　❽ 0.96 m³ （　　　　　L）

2▶ 次の体積の水の重さを（　　）の中の単位で表しましょう。

1つ7〔28点〕

❶ 150 cm³ （　　　　　g）　❷ 73000 cm³ （　　　　　kg）

❸ 180 L （　　　　　kg）　❹ 3.5 dL （　　　　　g）

3▶ （　　）にあてはまる数を書きましょう。　　　　1つ8〔24点〕

❶ ある公園の面積を調べたところ、4500 m² でした。このとき、

面積を ha で表すと、（　　　　　　　）ha になります。

❷ 容積が 0.05 m³ の水そうがあります。このとき、水そうい

っぱいに入る水の重さは、（　　　　　　　）kg になります。

❸ 縦 80 cm、横 1 m、高さ 60 cm の直方体の体積は、

（　　　　　）L です。

答えは
72ページ

かくにん 30　力だめし ①

／100点

1 計算をしましょう。　　　　　　　　　　　　　　1つ5〔30点〕

① $\dfrac{7}{10} \times 4$

② $\dfrac{2}{3} \times \dfrac{4}{5}$

③ $\dfrac{3}{10} \times \dfrac{15}{7}$

④ $\dfrac{8}{9} \times \dfrac{15}{14}$

⑤ $2\dfrac{3}{4} \times \dfrac{6}{7}$

⑥ $4\dfrac{1}{6} \times 1\dfrac{1}{15}$

2 計算をしましょう。　　　　　　　　　　　　　　1つ5〔30点〕

① $\dfrac{4}{9} \div 2$

② $\dfrac{2}{5} \div \dfrac{4}{7}$

③ $\dfrac{9}{10} \div \dfrac{12}{5}$

④ $\dfrac{15}{4} \div \dfrac{5}{16}$

⑤ $4\dfrac{1}{5} \div 14$

⑥ $5\dfrac{1}{7} \div 3\dfrac{3}{14}$

3 計算をしましょう。　　　　　　　　　　　　　　1つ8〔40点〕

① $\dfrac{14}{9} \div \dfrac{7}{15} \times \dfrac{12}{5}$

② $\dfrac{7}{10} - \dfrac{5}{8} \div \dfrac{15}{4}$

③ $\dfrac{25}{7} \times \left(\dfrac{14}{15} + \dfrac{21}{25} \right)$

④ $\left(\dfrac{35}{12} - \dfrac{15}{8} \right) \div \dfrac{25}{4}$

⑤ $\dfrac{5}{12} \div 1\dfrac{7}{8} + 1\dfrac{1}{9} \times \dfrac{3}{20}$

答えは
72ページ

月　　日

10分

／100点

1 次の比を簡単にしましょう。　　　　　　　　1つ8〔48点〕

① 4 : 6　　　　（　　　　　）　② 36 : 27　　（　　　　　）

③ 3.5 : 2.5　（　　　　　）　④ $\frac{1}{4} : \frac{1}{5}$　　（　　　　　）

⑤ $\frac{6}{5}$: 0.8　　（　　　　　）　⑥ 1.35 : $1\frac{1}{8}$　（　　　　　）

2 右の図で、三角形 DEF は三角形 ABC の拡大図です。　　1つ8〔24点〕

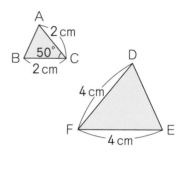

① 辺 AB に対応する辺はどれですか。　（　　　　　）

② 角 D は何度ですか。

（　　　　　）

③ 三角形 DEF は三角形 ABC の何倍の拡大図ですか。

（　　　　　）

3 800m を 5cm に縮めてかいた地図の縮尺を、分数の形と比の形で表しましょう。　　　　　1つ8〔16点〕

分数（　　　　　）　比（　　　　　）

4 縮尺 1 : 4000 の縮図上での 8cm の長さは、実際の長さでは何m ですか。　　　　〔12点〕

（　　　　　）

答えは
72ページ

かくにん 32　力だめし ③

/100点

1 □にあてはまる数を書きましょう。　1つ6〔48点〕

❶　5mm=□cm

❷　450g=□kg

❸　0.3L=□mL

❹　0.06dL=□mL

❺　2.05km=□m

❻　36000㎡=□ha

❼　5.5a=□㎡

❽　0.8L=□cm³

2 □にあてはまる数を書きましょう。　1つ10〔30点〕

❶　$\frac{4}{5}$時間で72km走るときの速さは、時速□kmです。

❷　分速100mで15秒歩くと、□m進みます。

❸　時速$6\frac{1}{3}$kmで38km進むのにかかる時間は、□時間です。

3 □にあてはまる数を書きましょう。　1つ11〔22点〕

❶　6mで102gの針金を255g切り取ると、長さは□mです。

❷　160gで1200円のお茶を420g買ったときの代金は、□円です。

答えは72ページ

月　　　日

10分

／100点

力だめし ④

1 次の円周の長さと面積を求めましょう。　　1つ10〔40点〕

❶　半径 12 cm の円

円周（　　　　　）　面積（　　　　　）

❷　直径 9 cm の円

円周（　　　　　）　面積（　　　　　）

2 次の色をつけた部分の面積を求めましょう。　1つ10〔20点〕

❶
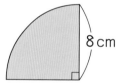
8 cm

（　　　　　）

❷
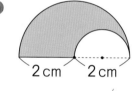
2 cm　2 cm

（　　　　　）

3 次の立体の体積を（　　　）の中の単位で表しましょう。　1つ10〔40点〕

❶　縦 8 cm、横 15 cm、高さ 7 cm の直方体

（　　　　　　cm³）

❷　1 辺が 3 m の立方体

（　　　　　　m³）

❸
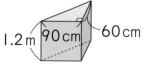
1.2 m　90 cm　60 cm

（　　　　kL）

❹
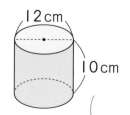
12 cm
10 cm

（　　　　L）

答えは
72ページ

答え

1

3・4ページ

1 ❶ 10 ❷ 3.5 ❸ 39 ❹ 4.6
❺ 33 ❻ 21 ❼ 15 ❽ 6.5

2 ❶ 4 ❷ 4.5 ❸ 4 ❹ 5
❺ 3 ❻ 9

★ ★ ★

1 ❶ 14 ❷ 4 ❸ 12.3 ❹ 6.5
❺ 72 ❻ 4 ❼ 6.3 ❽ 20
❾ 18 ❿ 0.05

2 ❶ 12 ❷ 22 ❸ 60 ❹ 0.3
❺ 90 ❻ 7.2 ❼ 2 ❽ 0.2

2

5・6ページ

1 ❶ $\frac{3}{5}$ ❷ $\frac{6}{7}$ ❸ $\frac{8}{9}$ ❹ $\frac{9}{10}$

❺ $\frac{36}{7}\left(5\frac{1}{7}\right)$ ❻ $\frac{77}{8}\left(9\frac{5}{8}\right)$

2 ❶ $\frac{5}{4}\left(1\frac{1}{4}\right)$ ❷ $\frac{9}{4}\left(2\frac{1}{4}\right)$

❸ $\frac{13}{2}\left(6\frac{1}{2}\right)$ ❹ $\frac{46}{7}\left(6\frac{4}{7}\right)$

★ ★ ★

1 ❶ $\frac{4}{5}$ ❷ $\frac{8}{9}$

❸ $\frac{15}{8}\left(1\frac{7}{8}\right)$ ❹ $\frac{21}{10}\left(2\frac{1}{10}\right)$

❺ $\frac{90}{7}\left(12\frac{6}{7}\right)$ ❻ $\frac{81}{4}\left(20\frac{1}{4}\right)$

2 ❶ $\frac{1}{2}$ ❷ $\frac{5}{2}\left(2\frac{1}{2}\right)$ ❸ $\frac{15}{4}\left(3\frac{3}{4}\right)$

❹ $\frac{16}{3}\left(5\frac{1}{3}\right)$ ❺ $\frac{25}{3}\left(8\frac{1}{3}\right)$

❻ $\frac{92}{3}\left(30\frac{2}{3}\right)$ ❼ $\frac{69}{2}\left(34\frac{1}{2}\right)$

❽ 27 ❾ $\frac{51}{4}\left(12\frac{3}{4}\right)$

❿ $\frac{123}{8}\left(15\frac{3}{8}\right)$

3

7・8ページ

1 ❶ $\frac{1}{6}$ ❷ $\frac{5}{24}$ ❸ $\frac{8}{21}$ ❹ $\frac{18}{19}$

2 ❶ $\frac{3}{8}$ ❷ $\frac{15}{56}$ ❸ $\frac{20}{21}$

❹ $\frac{35}{36}$ ❺ $\frac{15}{28}$ ❻ $\frac{27}{70}$

❼ $\frac{10}{21}$ ❽ $\frac{12}{11}\left(1\frac{1}{11}\right)$

3 ❶ $\frac{33}{20}\left(1\frac{13}{20}\right)$ ❷ $\frac{35}{18}\left(1\frac{17}{18}\right)$

❸ $\frac{20}{33}$ ❹ $\frac{24}{13}\left(1\frac{11}{13}\right)$

★ ★ ★

1 ❶ $\frac{4}{9}$ ❷ $\frac{6}{35}$ ❸ $\frac{4}{35}$ ❹ $\frac{15}{17}$

2 ❶ $\frac{14}{15}$ ❷ $\frac{36}{35}\left(1\frac{1}{35}\right)$

❸ $\frac{64}{35}\left(1\frac{29}{35}\right)$ ❹ $\frac{27}{40}$

⑤ $\dfrac{35}{66}$　⑥ $\dfrac{70}{27}\left(2\dfrac{16}{27}\right)$

⑦ $\dfrac{18}{7}\left(2\dfrac{4}{7}\right)$　⑧ $\dfrac{27}{8}\left(3\dfrac{3}{8}\right)$

3 ❶ $\dfrac{72}{35}\left(2\dfrac{2}{35}\right)$　❷ $\dfrac{65}{63}\left(1\dfrac{2}{63}\right)$

❸ $\dfrac{91}{72}\left(1\dfrac{19}{72}\right)$　❹ $\dfrac{36}{25}\left(1\dfrac{11}{25}\right)$

❺ $\dfrac{12}{35}$　❻ $\dfrac{35}{12}\left(2\dfrac{11}{12}\right)$

4

1 ❶ $\dfrac{3}{28}$　❷ $\dfrac{4}{15}$　❸ $\dfrac{2}{15}$

❹ 6

2 ❶ $\dfrac{9}{4}\left(2\dfrac{1}{4}\right)$　❷ $\dfrac{5}{14}$　❸ $\dfrac{7}{3}\left(2\dfrac{1}{3}\right)$

❹ $\dfrac{10}{27}$　❺ $\dfrac{21}{4}\left(5\dfrac{1}{4}\right)$　❻ $\dfrac{8}{3}\left(2\dfrac{2}{3}\right)$

3 ❶ $\dfrac{7}{6}\left(1\dfrac{1}{6}\right)$　❷ $\dfrac{3}{5}$　❸ $\dfrac{3}{2}\left(1\dfrac{1}{2}\right)$

❹ 8　❺ 10　❻ $\dfrac{5}{14}$

★ ★ ★

1 ❶ $\dfrac{1}{3}$　❷ $\dfrac{1}{8}$　❸ $\dfrac{4}{21}$

❹ $\dfrac{20}{9}\left(2\dfrac{2}{9}\right)$　❺ $\dfrac{5}{22}$　❻ $\dfrac{27}{28}$

❼ $\dfrac{9}{2}\left(4\dfrac{1}{2}\right)$　❽ 12　❾ $\dfrac{5}{2}\left(2\dfrac{1}{2}\right)$

❿ 24

2 ❶ $\dfrac{5}{6}$　❷ $\dfrac{1}{9}$

❸ $\dfrac{3}{10}$　❹ $\dfrac{1}{24}$

❺ $\dfrac{1}{8}$　❻ $\dfrac{5}{2}\left(2\dfrac{1}{2}\right)$

❼ $\dfrac{2}{9}$　❽ $\dfrac{1}{16}$

5

1 ❶ $\dfrac{9}{8}\left(1\dfrac{1}{8}\right)$　❷ $\dfrac{39}{10}\left(3\dfrac{9}{10}\right)$

❸ $\dfrac{28}{3}\left(9\dfrac{1}{3}\right)$　❹ $\dfrac{33}{4}\left(8\dfrac{1}{4}\right)$

2 ❶ $\dfrac{32}{15}\left(2\dfrac{2}{15}\right)$　❷ $\dfrac{2}{7}$

❸ $\dfrac{56}{9}\left(6\dfrac{2}{9}\right)$　❹ $\dfrac{21}{5}\left(4\dfrac{1}{5}\right)$

❺ $\dfrac{140}{3}\left(46\dfrac{2}{3}\right)$　❻ 58

3 ❶ $\dfrac{15}{8}\left(1\dfrac{7}{8}\right)$　❷ $\dfrac{69}{8}\left(8\dfrac{5}{8}\right)$

❸ $\dfrac{35}{3}\left(11\dfrac{2}{3}\right)$　❹ 10

❺ $\dfrac{49}{4}\left(12\dfrac{1}{4}\right)$　❻ $\dfrac{42}{5}\left(8\dfrac{2}{5}\right)$

★ ★ ★

1 ❶ $\dfrac{16}{15}\left(1\dfrac{1}{15}\right)$　❷ $\dfrac{8}{5}\left(1\dfrac{3}{5}\right)$

❸ $\dfrac{39}{7}\left(5\dfrac{4}{7}\right)$　❹ 84

❺ $\dfrac{35}{12}\left(2\dfrac{11}{12}\right)$　❻ $\dfrac{39}{20}\left(1\dfrac{19}{20}\right)$

❼ $\dfrac{12}{5}\left(2\dfrac{2}{5}\right)$　❽ $\dfrac{9}{2}\left(4\dfrac{1}{2}\right)$

❾ $\dfrac{100}{3}\left(33\dfrac{1}{3}\right)$　❿ $\dfrac{46}{7}\left(6\dfrac{4}{7}\right)$

2 ❶ $\dfrac{55}{12}\left(4\dfrac{7}{12}\right)$　❷ $\dfrac{65}{14}\left(4\dfrac{9}{14}\right)$

❸ $\dfrac{49}{12}\left(4\dfrac{1}{12}\right)$　❹ $\dfrac{35}{6}\left(5\dfrac{5}{6}\right)$

❺ 12　❻ 24

❼ $\dfrac{22}{3}\left(7\dfrac{1}{3}\right)$　❽ $\dfrac{15}{4}\left(3\dfrac{3}{4}\right)$

6

1 ❶ $\dfrac{25}{42}$　❷ $\dfrac{35}{6}\left(5\dfrac{5}{6}\right)$

③ $\dfrac{24}{7}\left(3\dfrac{3}{7}\right)$　④ 1

2 ❶ $\dfrac{8}{9}$　❷ $\dfrac{9}{17}$　❸ 6　❹ 3

❺ $\dfrac{16}{9}\left(1\dfrac{7}{9}\right)$　❻ $\dfrac{24}{5}\left(4\dfrac{4}{5}\right)$

❼ 8　❽ $\dfrac{24}{7}\left(3\dfrac{3}{7}\right)$

★　★　★

1 ❶ $\dfrac{20}{7}\left(2\dfrac{6}{7}\right)$　❷ $\dfrac{3}{5}$　❸ $\dfrac{9}{4}\left(2\dfrac{1}{4}\right)$

❹ $\dfrac{4}{3}\left(1\dfrac{1}{3}\right)$　❺ 3　❻ $\dfrac{35}{8}\left(4\dfrac{3}{8}\right)$

2 ❶ $\dfrac{3}{8}$　❷ 4　❸ $\dfrac{1}{2}$　❹ 5

❺ 120　❻ 128　❼ 8　❽ $\dfrac{17}{2}\left(8\dfrac{1}{2}\right)$

7 15・16ページ

1 ❶ $\dfrac{3}{8}$　❷ $\dfrac{9}{5}\left(1\dfrac{4}{5}\right)$

❸ $\dfrac{13}{12}\left(1\dfrac{1}{12}\right)$　❹ $\dfrac{1}{5}$

2 ❶ $\dfrac{5}{7}$　❷ $\dfrac{19}{3}\left(6\dfrac{1}{3}\right)$　❸ $\dfrac{33}{8}\left(4\dfrac{1}{8}\right)$

❹ $\dfrac{1}{12}$　❺ $\dfrac{13}{2}\left(6\dfrac{1}{2}\right)$　❻ $\dfrac{53}{24}\left(2\dfrac{5}{24}\right)$

★　★　★

1 ❶ $\dfrac{15}{17}$　❷ $\dfrac{52}{11}\left(4\dfrac{8}{11}\right)$

❸ $\dfrac{68}{5}\left(13\dfrac{3}{5}\right)$　❹ $\dfrac{7}{20}$

2 ❶ $\dfrac{35}{48}$　❷ $\dfrac{51}{5}\left(10\dfrac{1}{5}\right)$

❸ $\dfrac{11}{45}$　❹ $\dfrac{77}{15}\left(5\dfrac{2}{15}\right)$

❺ $\dfrac{29}{36}$　❻ $\dfrac{13}{12}\left(1\dfrac{1}{12}\right)$

❼ $\dfrac{19}{14}\left(1\dfrac{5}{14}\right)$　❽ $\dfrac{17}{8}\left(2\dfrac{1}{8}\right)$

8 17・18ページ

1 ❶ $\dfrac{1}{21}$　❷ $\dfrac{5}{18}$　❸ $\dfrac{9}{40}$　❹ $\dfrac{7}{64}$

❺ $\dfrac{7}{18}$　❻ $\dfrac{51}{49}\left(1\dfrac{2}{49}\right)$

2 ❶ $\dfrac{1}{12}$　❷ $\dfrac{2}{15}$　❸ $\dfrac{3}{7}$　❹ $\dfrac{5}{24}$

★　★　★

1 ❶ $\dfrac{1}{24}$　❷ $\dfrac{3}{32}$　❸ $\dfrac{2}{25}$　❹ $\dfrac{5}{16}$

❺ $\dfrac{19}{18}\left(1\dfrac{1}{18}\right)$　❻ $\dfrac{32}{27}\left(1\dfrac{5}{27}\right)$

2 ❶ $\dfrac{2}{5}$　❷ $\dfrac{1}{24}$　❸ $\dfrac{1}{21}$　❹ $\dfrac{2}{45}$

❺ $\dfrac{3}{28}$　❻ $\dfrac{2}{27}$　❼ $\dfrac{2}{7}$

❽ $\dfrac{7}{6}\left(1\dfrac{1}{6}\right)$　❾ $\dfrac{13}{45}$　❿ $\dfrac{15}{52}$

9 19・20ページ

1 ❶ $\dfrac{8}{9}$　❷ $\dfrac{25}{32}$　❸ $\dfrac{6}{35}$　❹ $\dfrac{8}{11}$

2 ❶ $\dfrac{7}{15}$　❷ $\dfrac{25}{56}$　❸ $\dfrac{35}{36}$　❹ $\dfrac{8}{45}$

❺ $\dfrac{8}{9}$　❻ $\dfrac{36}{55}$　❼ $\dfrac{9}{11}$　❽ $\dfrac{10}{13}$

3 ❶ $\dfrac{45}{44}\left(1\dfrac{1}{44}\right)$　❷ $\dfrac{55}{36}\left(1\dfrac{19}{36}\right)$

❸ $\dfrac{21}{20}\left(1\dfrac{1}{20}\right)$　❹ $\dfrac{16}{15}\left(1\dfrac{1}{15}\right)$

★　★　★

1 ❶ $\dfrac{35}{8}\left(4\dfrac{3}{8}\right)$　❷ $\dfrac{40}{63}$

❸ $\dfrac{15}{8}\left(1\dfrac{7}{8}\right)$　❹ $\dfrac{49}{11}\left(4\dfrac{5}{11}\right)$

2 ❶ $\dfrac{12}{35}$　❷ $\dfrac{40}{99}$　❸ $\dfrac{32}{75}$

④ $\frac{60}{49}\left(1\frac{11}{49}\right)$ ⑤ $\frac{55}{12}\left(4\frac{7}{12}\right)$ ⑥ $\frac{33}{10}\left(3\frac{3}{10}\right)$

3 ① $\frac{18}{25}$ ② $\frac{27}{8}\left(3\frac{3}{8}\right)$ ③ $\frac{65}{48}\left(1\frac{17}{48}\right)$

④ $\frac{27}{8}\left(3\frac{3}{8}\right)$ ⑤ $\frac{91}{60}\left(1\frac{31}{60}\right)$ ⑥ $\frac{27}{50}$

⑦ $\frac{55}{24}\left(2\frac{7}{24}\right)$ ⑧ $\frac{52}{55}$

10　21・22ページ

1 ① 6 ② $\frac{10}{3}\left(3\frac{1}{3}\right)$

2 ① $\frac{7}{10}$ ② $\frac{7}{4}\left(1\frac{3}{4}\right)$ ③ $\frac{7}{8}$

④ $\frac{2}{15}$ ⑤ $\frac{22}{3}\left(7\frac{1}{3}\right)$ ⑥ $\frac{4}{25}$

⑦ 14 ⑧ 6

3 ① 2 ② 10 ③ $\frac{10}{9}\left(1\frac{1}{9}\right)$

④ $\frac{7}{6}\left(1\frac{1}{6}\right)$ ⑤ $\frac{2}{7}$ ⑥ $\frac{1}{10}$

★ ★ ★

1 ① $\frac{3}{4}$ ② $\frac{1}{12}$ ③ $\frac{8}{5}\left(1\frac{3}{5}\right)$

④ $\frac{21}{10}\left(2\frac{1}{10}\right)$ ⑤ $\frac{4}{3}\left(1\frac{1}{3}\right)$ ⑥ $\frac{9}{10}$

⑦ $\frac{9}{2}\left(4\frac{1}{2}\right)$ ⑧ 30

2 ① $\frac{1}{2}$ ② $\frac{1}{9}$ ③ $\frac{4}{21}$ ④ $\frac{2}{9}$

⑤ $\frac{12}{5}\left(2\frac{2}{5}\right)$ ⑥ $\frac{5}{4}\left(1\frac{1}{4}\right)$ ⑦ 12

⑧ $\frac{10}{49}$ ⑨ $\frac{49}{20}\left(2\frac{9}{20}\right)$ ⑩ $\frac{9}{4}\left(2\frac{1}{4}\right)$

11　23・24ページ

1 ① $\frac{20}{9}\left(2\frac{2}{9}\right)$ ② $\frac{5}{12}$ ③ $\frac{3}{4}$ ④ $\frac{11}{36}$

2 ① $\frac{9}{28}$ ② $\frac{4}{15}$ ③ $\frac{36}{49}$

④ $\frac{7}{12}$ ⑤ $\frac{15}{2}\left(7\frac{1}{2}\right)$ ⑥ $\frac{16}{3}\left(5\frac{1}{3}\right)$

3 ① $\frac{8}{15}$ ② $\frac{36}{35}\left(1\frac{1}{35}\right)$ ③ $\frac{40}{51}$

④ $\frac{27}{40}$ ⑤ $\frac{15}{22}$ ⑥ $\frac{6}{5}\left(1\frac{1}{5}\right)$

★ ★ ★

1 ① $\frac{27}{8}\left(3\frac{3}{8}\right)$ ② $\frac{11}{3}\left(3\frac{2}{3}\right)$ ③ $\frac{4}{5}$

④ $\frac{3}{8}$ ⑤ $\frac{1}{6}$ ⑥ $\frac{1}{28}$ ⑦ $\frac{7}{18}$

⑧ $\frac{11}{18}$ ⑨ $\frac{27}{4}\left(6\frac{3}{4}\right)$ ⑩ $\frac{35}{12}\left(2\frac{11}{12}\right)$

2 ① $\frac{16}{9}\left(1\frac{7}{9}\right)$ ② $\frac{75}{44}\left(1\frac{31}{44}\right)$

③ $\frac{55}{24}\left(2\frac{7}{24}\right)$ ④ $\frac{3}{4}$ ⑤ $\frac{25}{12}\left(2\frac{1}{12}\right)$

⑥ $\frac{49}{36}\left(1\frac{13}{36}\right)$ ⑦ $\frac{3}{4}$ ⑧ $\frac{24}{25}$

12　25・26ページ

1 ① $\frac{63}{80}$ ② $\frac{15}{56}$ ③ $\frac{7}{48}$ ④ 12

2 ① $\frac{4}{9}$ ② $\frac{28}{11}\left(2\frac{6}{11}\right)$

③ $\frac{2}{15}$ ④ 3 ⑤ $\frac{3}{2}\left(1\frac{1}{2}\right)$

⑥ $\frac{6}{7}$ ⑦ 2 ⑧ $\frac{3}{4}$

★ ★ ★

1 ① $\frac{80}{21}\left(3\frac{17}{21}\right)$ ② $\frac{7}{72}$ ③ $\frac{11}{30}$

④ $\frac{5}{8}$ ⑤ $\frac{5}{2}\left(2\frac{1}{2}\right)$ ⑥ $\frac{7}{5}\left(1\frac{2}{5}\right)$

2 ① $\frac{10}{21}$ ② $\frac{5}{11}$ ③ $\frac{15}{4}\left(3\frac{3}{4}\right)$

❹ $\dfrac{1}{52}$　❺ $\dfrac{1}{15}$　❻ $\dfrac{2}{9}$

❼ $\dfrac{1}{4}$　❽ $\dfrac{5}{8}$

⓭ 　27・28ページ

1 ❶ $\dfrac{3}{14}$　❷ $\dfrac{7}{9}$　❸ $\dfrac{11}{3}\left(3\dfrac{2}{3}\right)$

❹ $\dfrac{5}{36}$

2 ❶ $\dfrac{8}{15}$　❷ $\dfrac{10}{3}\left(3\dfrac{1}{3}\right)$　❸ $\dfrac{19}{10}\left(1\dfrac{9}{10}\right)$

❹ $\dfrac{1}{14}$　❺ $\dfrac{4}{3}\left(1\dfrac{1}{3}\right)$　❻ $\dfrac{5}{12}$

★ ★ ★

1 ❶ $\dfrac{5}{18}$　❷ $\dfrac{11}{72}$　❸ $\dfrac{11}{6}\left(1\dfrac{5}{6}\right)$

❹ $\dfrac{5}{72}$

2 ❶ $\dfrac{40}{13}\left(3\dfrac{1}{13}\right)$　❷ $\dfrac{35}{26}\left(1\dfrac{9}{26}\right)$

❸ $\dfrac{13}{20}$　❹ $\dfrac{13}{50}$　❺ $\dfrac{11}{12}$

❻ $\dfrac{25}{63}$　❼ $\dfrac{17}{6}\left(2\dfrac{5}{6}\right)$　❽ $\dfrac{38}{39}$

⓮ 　29・30ページ

1 ❶ $\dfrac{3}{10}$　❷ $\dfrac{7}{11}$　❸ $\dfrac{1}{8}$　❹ 12

2 ❶ $\dfrac{2}{3}$　❷ $\dfrac{7}{6}\left(1\dfrac{1}{6}\right)$　❸ $\dfrac{3}{2}\left(1\dfrac{1}{2}\right)$

❹ $\dfrac{1}{4}$　❺ $\dfrac{5}{6}$　❻ $\dfrac{1}{2}$

★ ★ ★

1 ❶ $\dfrac{13}{25}$　❷ $\dfrac{3}{5}$　❸ $\dfrac{11}{7}\left(1\dfrac{4}{7}\right)$

❹ 3　❺ $\dfrac{1}{8}$　❻ $\dfrac{5}{4}\left(1\dfrac{1}{4}\right)$

2 ❶ $\dfrac{7}{40}$　❷ $\dfrac{31}{12}\left(2\dfrac{7}{12}\right)$　❸ $\dfrac{19}{30}$　❹ $\dfrac{1}{4}$

❺ 2　❻ $\dfrac{9}{10}$　❼ $\dfrac{19}{12}\left(1\dfrac{7}{12}\right)$　❽ $\dfrac{5}{18}$

⓯ 　31・32ページ

1 ❶ $\dfrac{11}{12}$　❷ $\dfrac{13}{30}$　❸ $\dfrac{10}{11}$　❹ $\dfrac{7}{4}\left(1\dfrac{3}{4}\right)$

2 ❶ $\dfrac{10}{3}\left(3\dfrac{1}{3}\right)$　❷ $\dfrac{2}{5}$　❸ $\dfrac{7}{5}\left(1\dfrac{2}{5}\right)$

❹ $\dfrac{28}{5}\left(5\dfrac{3}{5}\right)$　❺ $\dfrac{5}{3}\left(1\dfrac{2}{3}\right)$　❻ 12

❼ $\dfrac{4}{3}\left(1\dfrac{1}{3}\right)$　❽ $\dfrac{32}{25}\left(1\dfrac{7}{25}\right)$

★ ★ ★

1 ❶ $\dfrac{31}{12}\left(2\dfrac{7}{12}\right)$　❷ $\dfrac{31}{14}\left(2\dfrac{3}{14}\right)$

❸ $\dfrac{19}{10}\left(1\dfrac{9}{10}\right)$　❹ $\dfrac{5}{36}$　❺ $\dfrac{35}{8}\left(4\dfrac{3}{8}\right)$

❻ 9　❼ $\dfrac{5}{2}\left(2\dfrac{1}{2}\right)$　❽ $\dfrac{9}{2}\left(4\dfrac{1}{2}\right)$

2 ❶ 20　❷ 30　❸ $\dfrac{2}{3}$

❹ $\dfrac{3}{2}\left(1\dfrac{1}{2}\right)$　❺ $\dfrac{15}{2}\left(7\dfrac{1}{2}\right)$　❻ $\dfrac{14}{15}$

❼ $\dfrac{15}{8}\left(1\dfrac{7}{8}\right)$　❽ $\dfrac{5}{16}$　❾ $\dfrac{8}{5}\left(1\dfrac{3}{5}\right)$

❿ $\dfrac{2}{3}$

⓰ 　33・34ページ

1 ❶ $\dfrac{5}{4}\left(1\dfrac{1}{4}\right)$　❷ $\dfrac{3}{10}$　❸ $\dfrac{15}{14}\left(1\dfrac{1}{14}\right)$

2 ❶ 150　　❷ 28

3 ❶ 81　　❷ $\dfrac{22}{5}\left(4\dfrac{2}{5}\right)$

4 $\dfrac{17}{6}\left(2\dfrac{5}{6}\right)$kg

★ ★ ★

1) ① $\frac{14}{5}\left(2\frac{4}{5}\right)$ ② $\frac{5}{6}$ ③ $\frac{16}{9}\left(1\frac{7}{9}\right)$

2) ① $\frac{25}{16}\left(1\frac{9}{16}\right)$ ② $\frac{4}{3}\left(1\frac{1}{3}\right)$

3) ① 63 ② 60

4) $\frac{3}{25}$ km²

17 35・36ページ

1) ① 20 ② 45 ③ 110 ④ 96 ⑤ $\frac{7}{12}$ ⑥ $\frac{8}{15}$ ⑦ $\frac{19}{12}\left(1\frac{7}{12}\right)$ ⑧ $\frac{13}{10}\left(1\frac{3}{10}\right)$

2) ① $\frac{20}{3}\left(6\frac{2}{3}\right)$ ② $\frac{50}{3}\left(16\frac{2}{3}\right)$ ③ 4 ④ 35 ⑤ 90

★ ★ ★

1) ① 190 ② 220 ③ 138 ④ 225 ⑤ 3、16 ⑥ 2、24 ⑦ $\frac{11}{6}\left(1\frac{5}{6}\right)$ ⑧ $\frac{55}{12}\left(4\frac{7}{12}\right)$

2) ① $\frac{55}{4}\left(13\frac{3}{4}\right)$ ② $\frac{13}{6}\left(2\frac{1}{6}\right)$ ③ 2.40 ④ $\frac{7}{3}\left(2\frac{1}{3}\right)$ ⑤ $\frac{58}{3}\left(19\frac{1}{3}\right)$

18 37・38ページ

1) ① 12.56cm² ② 78.5cm² ③ 28.26cm² ④ 50.24cm²

2) ① 157cm² ② 28.26cm²

3) ① 235.5cm² ② 150.72cm²

★ ★ ★

1) ① 153.86cm² ② 132.665cm²

2) ① 42.39cm² ② 150.72cm²

3) ① 150.72cm² ② 161.71cm²

19 39・40ページ

1) ① 576cm³ ② 175cm³ ③ 280cm³ ④ 452.16cm³ ⑤ 785cm³

2) ① 108cm³ ② 62.8cm³

★ ★ ★

1) ① 792cm³ ② 60cm³ ③ 252cm³ ④ 1200cm³ ⑤ 552.64cm³ ⑥ 763.02cm³

2) ① 144cm³ ② 346.185cm³

20 41・42ページ

1) ① 150m³ ② 395.64cm³

2) ① 600cm³ ② 533.8cm³

★ ★ ★

1) ① 366cm³ ② 197.82cm³ ③ 1458cm³ ④ 942cm³

2) ① 1191cm³ ② 175.84cm³

21 43・44ページ

1) ① $\frac{5}{4}\left(1\frac{1}{4}\right)$ ② $\frac{7}{11}$ ③ $\frac{1}{4}$ ④ $\frac{3}{5}$ ⑤ $\frac{1}{6}$ ⑥ $\frac{5}{12}$

2) ① ㋑ ② ㋓ ③ ㋐ ④ ㋒

★ ★ ★

1) ① $\frac{5}{8}$ ② $\frac{13}{6}\left(2\frac{1}{6}\right)$ ③ $\frac{2}{5}$ ④ 2 ⑤ $\frac{21}{4}\left(5\frac{1}{4}\right)$ ⑥ $\frac{5}{9}$ ⑦ $\frac{3}{13}$ ⑧ $\frac{3}{2}\left(1\frac{1}{2}\right)$ ⑨ $\frac{2}{9}$ ⑩ 6

2) ① × ② ○ ③ × ④ ○

22 45・46ページ

1) ① 3:4 ② 4:3 ③ 3:5 ④ 5:9 ⑤ 3:1 ⑥ 14:5

2 ❶ 28　　❷ 3　　　❸ 21
　❹ 24　❺ 2　　❻ 6　　❼ 5
　　　　★　★　★
1 ❶ 2:3　　❷ 3:8　　❸ 3:7
　❹ 7:11　❺ 5:6　　❻ 15:2
　❼ 16:9　❽ 7:2
2 ❶ 30　❷ 4　❸ 12　❹ 12
　❺ $\frac{9}{2}\left(4\frac{1}{2}\right)$　　❻ $\frac{7}{3}\left(2\frac{1}{3}\right)$

23

47・48ページ

1 ❶ ㋒、2倍　　❷ ㋔、$\frac{1}{2}$
2 ❶ 辺DE　　❷ 35°
　❸ 2倍　　　❹ 8cm
　　　　★　★　★
1 ❶ 3倍　❷ 10cm ❸ 70°
2 分数 $\frac{1}{60000}$　比 1:60000
3 9cm
4 125m

24

49・50ページ

1 ❶ 約25cm²　❷ 約16㎡
2 ❶ 約90cm²　❷ 約98cm²
3 ❶ 約624cm³　❷ 約42㎥
　　　　★　★　★
1 ❶ 約27㎡　❷ 約3.75㎡
2 ❶ 約255cm²　❷ 約255cm²
3 ❶ 約924cm³　❷ 約1440cm³

25

51・52ページ

1 （上から順に）　4、8、10、2、
　2、2、2、2、2　〔式〕$y=2×x$
2 ❶ ○　　　　❷ ×
3 ❶ $y=5×x$　❷ 45
　❸ 5.6

　　　　★　★　★
1 ❶（上から順に）　48、80、8、8、
　8、8、8、8　　　〔式〕$y=8×x$
　❷（上から順に）　250、300、
　500、50、50、50、50、50
　〔式〕$y=50×x$
2 ❶ ○　　　　　❷ ×
3 ❶ $y=6.25×x$ ❷ 2500 ❸ 60

26

53・54ページ

1 （上から順に）　60、40、30、
　120、120、120、120、120
　〔式〕$y=120÷x$
2 ❶ ×　　　　　❷ ○
3 ❶ $y=450÷x$ ❷ 15 ❸ 18
　　　　★　★　★
1 ❶（上から順に）　24、6、4、
　24、24、24、24、24、24
　〔式〕$y=24÷x$
　❷（上から順に）　18、9、3、
　36、36、36、36、36、36
　〔式〕$y=36÷x$
2 ❶ ○　　　　　❷ ×
3 ❶ $y=120÷x$ ❷ 15
　❸ 24

27

55・56ページ

1 ❶ 6通り　　❷ 24通り
2 ❶ 6通り　　❷ 4通り
　　　　★　★　★
1 ❶ ア 6通り　イ 6通り
　　ウ 12通り
　❷ 24通り
2 8通り
3 10通り
4 10通り

数と計算6年―71

28

1 ❶ m ❷ km

2 (順に) $\dfrac{1}{1000}$、$\dfrac{1}{100}$、1000

3 ❶ mg ❷ g

4 (順に) $\dfrac{1}{1000}$、1000、1000000

5 ❶ 2000 m ❷ 0.003 m
　　❸ 5 t ❹ 8000 mg

★　★　★

1 ❶ 12000 m ❷ 0.05 m
　　❸ 60 cm ❹ 0.0048 km
　　❺ 0.043 km ❻ 4 kg
　　❼ 15000 kg ❽ 6.5 g
　　❾ 0.975 t ❿ 0.035 t

2 ❶ m、333000
　　❷ g、0.005 ❸ km

3 300 ふくろ

29
59・60ページ

1 ❶ cm² ❷ m²

2 (順に) 1、100 (1 a)、
10000 (1 ha)、1

3 ❶ cm³ ❷ m³ (kL)

4 (上から順に) 1、1、1、1、
100、1

★　★　★

1 ❶ 3 m² ❷ 60 km²
　　❸ 80 a ❹ 157000 m²
　　❺ 240000 cm² ❻ 0.34 m³
　　❼ 120 mL ❽ 960 L

2 ❶ 150 g ❷ 73 kg
　　❸ 180 kg ❹ 350 g

3 ❶ 0.45 ❷ 50 ❸ 480

30
61ページ

1 ❶ $\dfrac{14}{5}\left(2\dfrac{4}{5}\right)$ ❷ $\dfrac{8}{15}$ ❸ $\dfrac{9}{14}$

　　❹ $\dfrac{20}{21}$ ❺ $\dfrac{33}{14}\left(2\dfrac{5}{14}\right)$ ❻ $\dfrac{40}{9}\left(4\dfrac{4}{9}\right)$

2 ❶ $\dfrac{2}{9}$ ❷ $\dfrac{7}{10}$ ❸ $\dfrac{3}{8}$ ❹ 12

　　❺ $\dfrac{3}{10}$ ❻ $\dfrac{8}{5}\left(1\dfrac{3}{5}\right)$

3 ❶ 8 ❷ $\dfrac{8}{15}$ ❸ $\dfrac{19}{3}\left(6\dfrac{1}{3}\right)$

　　❹ $\dfrac{1}{6}$ ❺ $\dfrac{7}{18}$

31
62ページ

1 ❶ 2:3 ❷ 4:3 ❸ 7:5
　　❹ 5:4 ❺ 3:2 ❻ 6:5

2 ❶ 辺DE ❷ 65° ❸ 2倍

3 分数 $\dfrac{1}{16000}$、比 1:16000

4 320 m

32
63ページ

1 ❶ 0.5 ❷ 0.45 ❸ 300
　　❹ 6 ❺ 2050 ❻ 3.6
　　❼ 550 ❽ 800

2 ❶ 90 ❷ 25
　　❸ 6

3 ❶ 15 ❷ 3150

33
64ページ

1 ❶ 円周 75.36 cm、面積 452.16 cm²
　　❷ 円周 28.26 cm、面積 63.585 cm²

2 ❶ 50.24 cm² ❷ 4.71 cm²

3 ❶ 840 cm³ ❷ 27 m³
　　❸ 0.324 kL ❹ 1.1304 L

3　2　1　0　9　8　7　6　5　4
＊　＊　D　C　B　A